《房屋建筑室内装饰装修制图标准》实施指南

高祥生　主编

中国建筑工业出版社

图书在版编目（CIP）数据

《房屋建筑室内装饰装修制图标准》实施指南/高祥生主编．—北京：中国建筑工业出版社，2011.9（2023.9重印）
ISBN 978-7-112-13499-1

Ⅰ.①房… Ⅱ.①高… Ⅲ.①室内装饰—建筑制图—标准—中国—指南②室内装修—建筑制图—标准—中国—指南 Ⅳ.①TU238-65②TU767-65

中国版本图书馆 CIP 数据核字（2011）第 170839 号

为了帮助广大读者更好地理解《房屋建筑室内装饰装修制图标准》JGJ/T 244—2011 的内容，特编写本书。本书对该标准中涉及《房屋建筑制图统一标准》GB/T 50001—2010 的内容，但又未作编写的部分作了补充，同时对计算机制图的方法作了介绍，对《房屋建筑室内装饰装修制图标准》JGJ/T 244—2011 中的部分规定也作了进一步说明，并辅以图例阐释相关内容。

本书可以帮助房屋建筑室内装饰装修技术人员更加深入地理解及把握《房屋建筑室内装饰装修制图标准》JGJ/T 244—2011，同时也有助于其更加迅速地将该标准应用到实际工程中去。

* * *

责任编辑：郭 栋 万 李
责任设计：张 虹
责任校对：刘梦然 赵 颖

《房屋建筑室内装饰装修制图标准》实施指南
高祥生 主编

*

中国建筑工业出版社出版、发行（北京西郊百万庄）
各地新华书店、建筑书店经销
华鲁印联（北京）科贸有限公司制版
建工社（河北）印刷有限公司印刷

*

开本：787×1092 毫米 1/16 印张：9½ 插页：2 字数：232 千字
2011 年 12 月第一版 2023 年 9 月第八次印刷
定价：**30.00** 元
ISBN 978-7-112-13499-1
(21283)

版权所有 翻印必究
如有印装质量问题，可寄本社退换
(邮政编码 100037)

本书编委会

主　编：高祥生
参　编：潘　瑜　安婳娟　刘荣君

前 言

《房屋建筑室内装饰装修制图标准》(以下简称本标准)是根据住房和城乡建设部《关于印发〈2009年工程建设标准规范制订、修订计划〉的通知》(建标[2009]88号)的要求，广泛调查研究，认真总结实践经验，参考有关国家标准和国内优秀图纸，并在广泛征求意见的基础上制订的。

本标准是为了统一房屋建筑室内装饰装修制图规则，保证制图质量，提高制图效率，做到图面清晰、简明，图示准确，符合设计、施工、审查、存档的要求，适应工程建设需要而编制。

本标准作为《房屋建筑制图统一标准》GB/T 50001—2010、《总图制图标准》GB/T 50103—2010、《建筑制图标准》GB/T 50104—2010、《建筑结构制图标准》GB/T 50105—2010、《建筑给水排水制图标准》GB/T 50106—2010、《暖通空调制图标准》GB/T 50114—2010 的配套，在编写体例上与《房屋建筑制图统一标准》等6部标准一致。因此，凡上述6部标准中已出现的内容在本标准中大多不重复，但在执行本标准的过程中必须同时遵照《房屋建筑制图统一标准》及专业制图的规定。

本标准于2011年7月4日经住房和城乡建设部批准（编号为JGJ/T 244—2011）并发布公告（第1053号文）。

为了帮助广大读者更好地理解本标准的内容，特编写《〈房屋建筑室内装饰装修制图标准〉实施指南》(以下简称本指南)。本指南是本标准的辅导读物，对本标准中涉及《房屋建筑制图统一标准》的内容，但又未作编写的部分，在本指南中作了补充。本指南对计算机制图的方法作了介绍，并对本标准中的部分规定作了进一步说明，并辅以图例阐释相关内容。

本标准中图纸深度的内容限于制图范围，对设计文件中其他内容未作规范。

本标准对专家意见未能统一的内容未作收录。

本标准在应用中将听取大家的意见。

本标准由主编单位东南大学建筑学院负责解释。

本标准适用于下列房屋建筑室内装饰装修工程制图：

1. 新建、改建、扩建的房屋建筑室内装饰装修设计各阶段的设计图、竣工图；
2. 原有工程的室内实测图；
3. 房屋建筑室内装饰装修的通用设计图、标准设计图；
4. 房屋建筑室内装饰装修设计的配套工程图。

本标准适用于下列制图方式绘制的图样：

1. 计算机制图；
2. 手工制图。

房屋建筑室内装饰装修制图，除应符合本标准的规定外，尚应符合国家现行有关标准以及各有关专业制图标准的规定。

目　　录

第一章　图纸幅面规格与图纸编排顺序 ·· 1
第一节　图纸幅面 ·· 1
第二节　标题栏 ··· 3
第三节　图纸编排顺序 ··· 4
第四节　制图注意事项 ··· 5
第二章　图线 ··· 6
第三章　字体 ··· 9
第四章　比例 ··· 11
第五章　符号 ··· 13
第一节　剖切符号 ·· 13
第二节　索引符号与详图符号 ·· 15
第三节　图名编号 ·· 19
第四节　引出线 ··· 19
第五节　其他符号 ·· 21
第六章　定位轴线 ··· 23
第七章　尺寸标注 ··· 26
第一节　尺寸界线、尺寸线及尺寸起止符号 ··· 26
第二节　尺寸数字 ·· 26
第三节　尺寸的排列与布置 ·· 27
第四节　半径、直径、球的尺寸标注 ·· 28
第五节　角度、弧度、弧长的标注 ·· 30
第六节　薄板厚度、正方形、坡度、非圆曲线等尺寸标注 ································· 30
第七节　尺寸的简化标注 ··· 31
第八节　标高 ··· 33
第八章　图样画法 ··· 35
第一节　投影法 ··· 35
第二节　视图布置 ·· 36
第三节　平面图 ··· 37
第四节　顶棚平面图 ·· 38
第五节　立面图 ··· 38
第六节　剖面图和断面图 ··· 39
第七节　简化画法 ·· 44
第八节　其他规定 ·· 47

第九节	轴测图	47
第十节	透视图	49

第九章　常用房屋建筑室内装饰装修材料和设备图例　50
　　第一节　一般规定　50
　　第二节　常用房屋建筑室内装饰装修材料图例　51
　　第三节　常用家具图例　58
　　第四节　常用电器图例　61
　　第五节　常用厨具图例　63
　　第六节　常用洁具图例　64
　　第七节　室内常用景观配饰图例　67
　　第八节　常用灯光照明图例　68
　　第九节　常用设备图例　69
　　第十节　常用开关、插座图例　70

第十章　图纸深度　72
　　第一节　一般规定　72
　　第二节　方案设计图　72
　　第三节　扩初设计图　73
　　第四节　施工设计图　75
　　第五节　变更设计图　78
　　第六节　竣工图　78

第十一章　计算机制图文件　79
　　第一节　规定　79
　　第二节　工程图纸编号　79
　　第三节　计算机制图文件命名　80
　　第四节　计算机制图文件夹　81
　　第五节　计算机制图文件的使用与管理　82
　　第六节　协同设计与计算机制图文件　82

第十二章　计算机制图文件图层　83

第十三章　计算机制图规则　85

附录 A　常用工程图纸编号与计算机制图文件名称举例　87

附录 B　常用图层名称举例　88

术语　106

本标准用词说明　109

引用标准名录　110

致谢　111

附:某温泉度假酒店施工图纸　112

第一章　图纸幅面规格与图纸编排顺序

第一节　图纸幅面

图纸幅面是指图纸的大小。

虽然国内有些室内装饰装修设计单位在图纸幅面的形式上有所不同，但《房屋建筑制图统一标准》GB/T 50001中对图纸图幅的规定能满足室内装饰装修设计的要求。因此，本标准对图纸幅面的不另作规定。

1. 图纸幅面及图框尺寸，应符合表1.1.1的规定及图1.1.1-1～图1.1.1-4的格式。

表 1.1.1　幅面及图框尺寸（mm）

尺寸代号 \ 幅面代号	A0	A1	A2	A3	A4
$b \times l$	841×1189	594×841	420×594	297×420	210×297
c	10			5	
a	25				

注：b——幅面短边尺寸；l——幅面长边尺寸；c——图框线与幅面线间宽度；a——图框线与装订边间宽度。详见图1.1.1-1～图1.1.1-4。

★ 表1.1.1幅面及图框尺寸与《技术制图　图纸幅面和格式》GB/T 14689规定一致，但图框内标题栏根据室内装饰装修设计的需要略有调整。

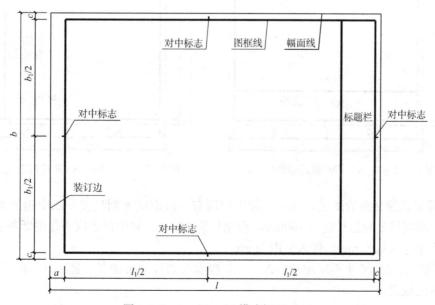

图 1.1.1-1　A0～A3横式幅面（一）

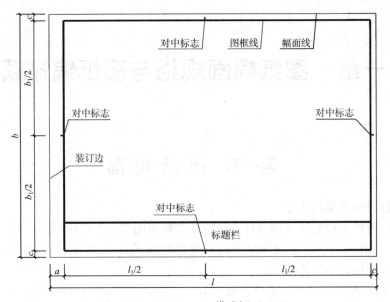

图 1.1.1-2 A0～A3 横式幅面（二）

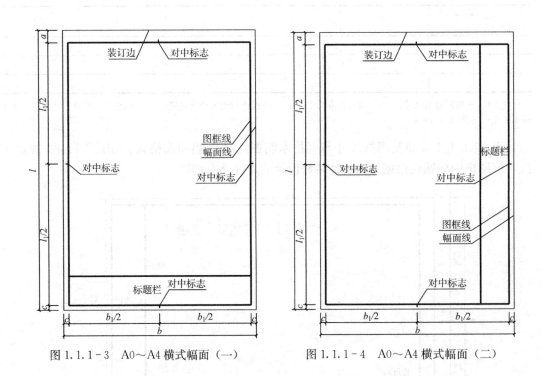

图 1.1.1-3 A0～A4 横式幅面（一）　　图 1.1.1-4 A0～A4 横式幅面（二）

2. 需要微缩复制的图纸，其一个边上应附有一段准确米制尺度，四个边上均附有对中标志，米制尺度的总长应为 100mm，分格应为 10mm。对中标志应画在图纸各边长的中点处，线宽应为 0.35mm，伸入框内 5mm。

3. 图纸的短边尺寸不应加长，A0～A3 幅面长边尺寸可加长（图 1.1.3），但应符合表 1.1.3 的规定。

表 1.1.3 图纸长边加长尺寸 (mm)

幅面代号	长边尺寸	长边加长后的尺寸
A0	1189	1486(A0+l/4)　1635(A0+3l/8)　1783(A0+l/2)　1932(A0+5l/8)　2080(A0+3l/4) 2230(A0+7l/8)　2378(A0+l)
A1	841	1051(A1+l/4)　1261(A1+l/2)　1471(A1+3l/4)　1682(A1+l)　1892(A1+5l/4) 2102(A1+3l/2)
A2	594	743(A2+l/4)　891(A2+l/2)　1041(A2+3l/4)　1189(A2+l)　1338(A2+5l/4) 1486(A2+3l/2)　1635(A2+7l/4)　1783(A2+2l)　1932(A2+9l/4)　2080(A2+5l/2)
A3	420	630(A3+1/2)　841(A3+l)　1051(A3+3l/2)　1261(A3+2l)　1471(A3+5l/2) 1682(A3+3l)　1892(A3+7l/2)

注：有特殊需要的图纸，可采用 $b×l$ 为 841mm×891mm 与 1189mm×1261mm 的幅面。

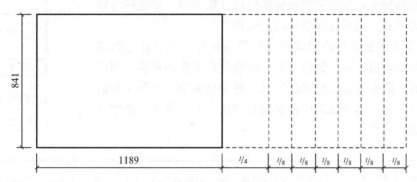

图 1.1.3　图纸长边加长示意（以 A0 图纸为例）

★ 本条增加了长边加长尺寸的比例关系。

4. 图纸以短边作为垂直边称为横式，以短边作为水平边称为立式。A0～A3 图纸宜横式使用；必要时，也可立式使用。

5. 一个工程设计中，每个专业所使用的图纸，不宜多于两种幅面，不含目录及表格所采用的 A4 幅面。

6. 图纸可采用横式，也可采用竖式。见图 1.1.1-1～图 1.1.1-4。

★ 图纸内容的布置原则：为了能够清晰、快速地阅读图纸，图样在图面上排列要整齐统一。

第二节　标　题　栏

1. 图纸中应有标题栏、图框线、幅面线、装订边线和对中标志。图纸的标题栏及装订边的位置，应符合下列规定：

1）横式使用的图纸，应按图 1.1.1-1、图 1.1.1-2 的形式布置；

2）立式使用的图纸，应按图 1.1.1-3、图 1.1.1-4 的形式布置。

由于有些室内装饰装修设计需要在图框中设会签栏和图框线，有些不需要设会签栏，所以本标准对会签栏、图框线不作规定。

2. 标题栏应按图 1.2.2-1、图 1.2.2-2 所示，根据工程的需要选择确定其内容、尺寸、格式及分区。签字栏应包括实名列和签名列。

1）标题栏可按图 1.1.1-2、图 1.1.1-3 横排，也可按图 1.1.1-1、图 1.1.1-4 竖排；

2）标题栏的基本内容可按图 1.2.2-1、图 1.2.2-2 设置；

3）涉外工程的标题栏内，各项主要内容的中文下方应附有译文，设计单位的上方或左方，应加"中华人民共和国"字样；

4）在计算机制图文件中如使用电子签名与认证，必须符合《中华人民共和国电子签名法》的有关规定。

★ 鉴于当前各设计单位标题栏的内容增多，有时还需要加入外文的实际情况，提供了两种标题栏尺寸供选用。标题栏内容的划分仅为示意，给各设计单位以灵活性。

★ 本条文增加了修改记录和注册师签章栏，为了避免因签字过于潦草而难以识别，保留了签字区应包含实名列和签名列的规定。同时，随着计算机技术的发展，越来越多的电子图作为最终设计成品发行，电子签名也逐渐得到应用，本条增加了使用电子签名的相关要求。

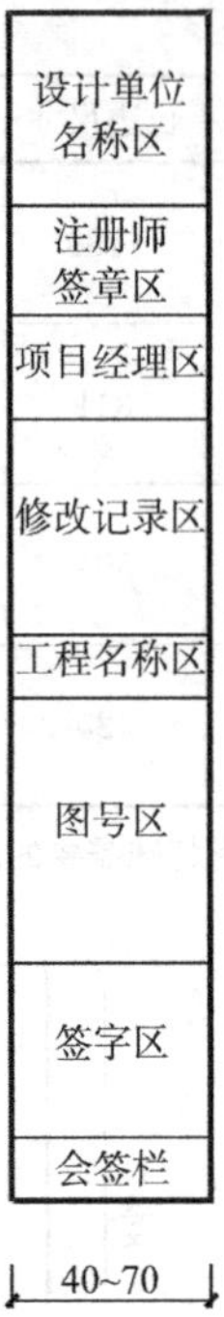

图 1.2.2-1 标题栏（一）

图 1.2.2-2 标题栏（二）

第三节　图纸编排顺序

1. 工程图纸应按照专业顺序编排，一般应为图纸目录、总图、房屋建筑室内装饰装修图、建筑图、结构图、给水排水图、暖通空调图、电气图、景观图等。以某专业为主体的工程图纸应突出该专业。

2. 在同一专业的一套完整图纸中，也要按照图纸内容的主次关系、逻辑关系有序排列，做到先总体、后局部，先主要、后次要；布置图在先，构造图在后，底层在先，上层在后；同一系列的构配件按类型、编号的顺序编排。同楼层各段（区）房屋建筑室内装饰装修设计图纸应按主次区域和内容的逻辑关系排列。

3. 房屋建筑室内装饰装修图纸按设计过程可分为：方案设计图、扩初设计图和施工图。

4. 房屋建筑室内装饰装修图纸应按专业顺序编排，并应依次为图纸目录、房屋建筑室内装饰装修图、给水排水图、暖通空调图、电气图等。

★ 根据室内装饰装修设计的特点要求在扩初设计阶段有设计总说明，图纸的编排顺序为图纸目录、设计总说明、房屋建筑室内装饰装修图、给水排水图、暖通空调图、电气图等。施工图设计阶段没有"设计总说明"。

5. 房屋建筑室内装饰装修图纸编排宜按设计（施工）说明、总平面图、顶棚总平面图、顶棚装饰灯具布置图、设备设施布置图、顶棚综合布点图、墙体定位图、地面铺装图、陈设、家具平面布置图、部品部件平面布置图、各空间平面布置图、各空间顶棚平面图、立面图、部品部件立面图、剖面图、详图、节点图、装饰装修材料表、配套标准图的顺序排列。

注：

1) 规模较大的房屋建筑室内装饰装修设计需绘制的图纸内容不应少于本节第5条列出的项目。而规模较小的住房室内装饰装修设计通常可以减少部分配套图纸。

2) 墙体定位图应反映设计部分的原始建筑图中墙体与改造后的墙体关系，以及现场测绘后对原建筑图中墙体尺寸修正的状况。

第四节 制图注意事项

1. 一张图上绘制几个图样时，宜按主次顺序从左至右依次排列；绘制各层平面时，宜按层的顺序从左至右或从下至上依次排列。

2. 各专业的总平面图布图方向应一致，各专业的单体建筑平面图布图方向也应一致。

第二章 图 线

图线是表示工程图样的线条。图线由线型和线宽组成。为了表达工程图样的不同内容，并能够分清主次，须使用不同的线型和线宽的图线。每个图样绘制前，应根据复杂程度与比例大小，先确定基本的线宽 b，再选用表2.0.1中相应的线宽组。

1. 线宽指图线的宽度，以 b 表示，线宽宜从下列系列宽度中选取：1.4、1.0、0.7、0.5、0.35、0.25、0.18、0.13mm。线宽不应小于0.1mm。

每个图样，应根据复杂程度与比例大小，先选定基本线宽 b，再选用表2.0.1中相应的线宽组。

表 2.0.1 线宽组 (mm)

线宽比	线宽组			
b	1.4	1.0	0.7	0.5
$0.7b$	1.0	0.7	0.5	0.35
$0.5b$	0.7	0.5	0.35	0.25
$0.25b$	0.35	0.25	0.18	0.13

注：1. 需要缩微的图纸，不宜采用0.18mm及更细的线宽。
2. 同一张图纸内，各不同线宽中的细线，可统一采用较细的线宽组的细线。

★ 本条文根据房屋建筑室内装饰装修制图的特点去掉了《房屋建筑制图统一标准》中2.0mm线宽，增加了室内装饰装修制图常用的0.25mm、0.18mm、0.13mm线宽。调整了线宽比，即：特粗线：粗线：中粗线：细线≈4：3：2：1。

2. 房屋建筑室内装饰装修设计制图的线型应采用实线、虚线、单点长画线、折断线、波浪线、点线、样条曲线、云线等，并应选用表2.0.2所示的常用线型。

表 2.0.2 图 线

名 称		线 型	线宽	一 般 用 途
实线	粗	———	b	1. 平、剖面图中被剖切的建筑和装饰装修构造的主要轮廓线； 2. 房屋建筑室内装饰装修立面图的外轮廓线； 3. 房屋建筑室内装饰装修构造详图、节点图中被剖切部分的主要轮廓线； 4. 平、立、剖面图的剖切符号
	中粗	———	$0.7b$	1. 平、剖面图中被剖切的建筑和装饰装修构造的次要轮廓线； 2. 房屋建筑室内装饰装修详图中的外轮廓线
	中	———	$0.5b$	1. 房屋建筑室内装饰装修构造详图中的一般轮廓线； 2. 小于 $0.7b$ 的图形线、家具线、尺寸线、尺寸界线、索引符号、标高符号、引出线、地面、墙面的高差分界线等
	细	———	$0.25b$	图形和图例的填充线

续表

名　称		线　型	线宽	一　般　用　途
虚线	中粗	----------	0.7b	1. 表示被遮挡部分的轮廓线（不可见）； 2. 表示被索引图样的范围； 3. 拟建、扩建房屋建筑室内装饰装修部分轮廓线（不可见）
	中	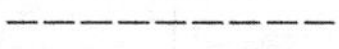 ----------	0.5b	1. 表示平面中上部的投影轮廓线； 2. 预想放置的建筑或构件
	细	 ----------	0.25b	表示内容与中虚线相同，适合小于0.5b的不可见轮廓线
单点长画线	中粗	—·—·—·—	0.7b	运动轨迹线
	细	 —·—·—·—	0.25b	中心线、对称线、定位轴线
折断线	细		0.25b	不需要画全的断开界线
波浪线	细	 ～～～～	0.25b	1. 不需要画全的断开界线； 2. 构造层次的断开界线； 3. 曲线形构件断开界限
点线	细	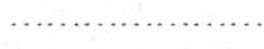 ··········	0.25b	制图需要的辅助线
样条曲线	细	 ～	0.25b	1. 不需要画全的断开界线； 2. 制图需要的引出线
云线	中	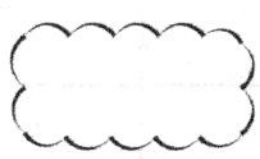 ⌒⌒⌒	0.5b	1. 圈出被索引的图样范围； 2. 标注材料的范围； 3. 标注需要强调、变更或改动的区域

注：地平线宽可用1.4b。

★ 在房屋建筑室内装饰装修设计制图中表示配套专业内容时应加粗配套内容的线宽，同时降低装饰装修内容的线宽。

根据房屋建筑室内装饰装修制图的特点，增加了点线、样条曲线和云线三种线型。

3. 同一张图纸内，相同比例的各图样，应选用相同的线宽组。
4. 图纸的图框和标题栏线，可采用表2.0.4的线宽。

表 2.0.4　图框线、标题栏线的宽度（mm）

幅面代号	图框线	标题栏外框线	标题栏分格线
A0、A1	b	0.5b	0.25b
A2、A3、A4	b	0.7b	0.35b

注：线宽主要对计算机绘图规定，但也可用于手工绘图参考。

5. 相互平行的图例线，其净间隙或线中间隙不宜小于0.2mm。
6. 虚线、单点长画线或双点长画线的线段长度和间隔，宜各自相等。
7. 单点长画线或双点长画线，当在较小图形中绘制有困难时，可用实线代替。
8. 单点长画线或双点长画线的两端，不应是点。点画线与点画线交接点或点画线与其他图线交接时，应是线段交接。
9. 虚线与虚线交接或虚线与其他图线交接时，应是线段交接。虚线为实线的延长线时，不得与实线相接。

10. 图线不得与文字、数字或符号重叠、混淆，不可避免时，应首先保证文字的清晰。

图线交接方式可见表2.0.10。

表 2.0.10　图线交接方式示意

交接方式	正　确	错　误
两直线相交	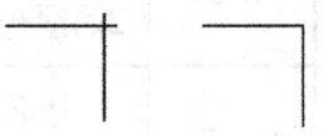	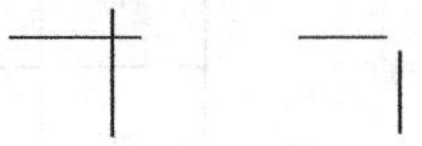
两线相切处不应使线加粗	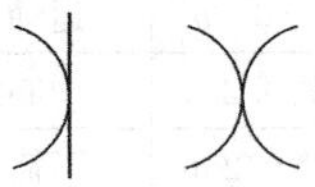	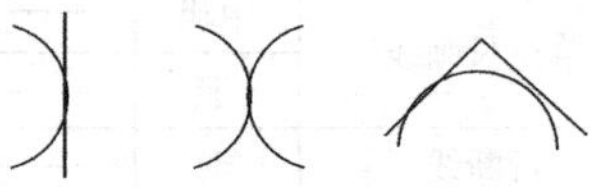
各种线相交时交点处不应有空隙		
实线与虚线相接	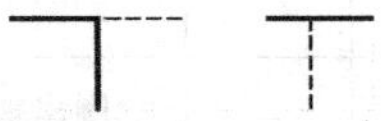	
圆的中心线应出头，中心线与虚线圆的相交处不应有空隙	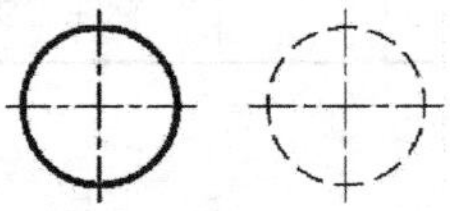	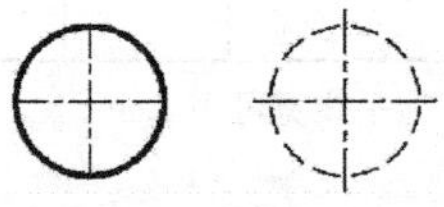

第三章 字 体

在工程制图中除了绘制恰当的图线外，还要正确注写文字、数字和符号，它们都是表达图纸内容的语言。

1. 图纸上所需书写的文字、数字或符号等，均应笔画清晰、字体端正、排列整齐；标点符号应清楚正确。

对于手工制图的图纸，字体的选择及注写方法应符合《房屋建筑制图统一标准》的规定。对于计算机绘图，均可采用自行确定的常用字体等，本标准未作强制规定。

2. 文字的字高，应从表3.0.2中选用。字高大于10mm的文字宜采用TrueType字体，如需书写更大的字，其高度应按$\sqrt{2}$的倍数递增。

表3.0.2 文字的字高（mm）

字体种类	中文矢量字体	TrueType字体及非中文矢量字体
字高	3.5、5、7、10、14、20	3、4、6、8、10、14、20

★ 所谓TrueType字体，中文名称全真字体。它具有如下优势：①真正的所见即所得字体。由于True-Type字体支持几乎所有输出设备，因而无论在屏幕、激光打印机、激光照排机上，还是在彩色喷墨打印机上，均能以设备的分辨率输出，因而输出很光滑。②支持字体嵌入技术。存盘时可将文件中使用的所有TrueType字体采用嵌入方式一并存入文件之中，使整个文件中所有字体可方便地传递到其他计算机中使用。嵌入技术可保证未安装相应字体的计算机能以原格式使用原字体打印。③操作系统的兼容性。MAC和PC机均支持TrueType字体，都可以在同名软件中直接打开应用文件而不需要替换字体。

3. 图样及说明中的汉字，宜采用长仿宋体（矢量字体）或黑体（TrueType字体），同一图纸字体种类不应超过两种。长仿宋体的宽度与高度的关系应符合表3.0.3的规定，黑体字的宽度与高度应相同。大标题、图册封面、地形图等的汉字，也可书写成其他字体，但应易于辨认。

表3.0.3 长仿宋字高宽关系（mm）

字高	20	14	10	7	5	3.5
字宽	14	10	7	5	3.5	2.5

4. 汉字的简化字书写，必须符合国务院公布的《汉字简化方案》和有关规定。

5. 图样及说明中的拉丁字母、阿拉伯数字与罗马数字，宜采用单线简体（矢量字体）或ROMAN（TrueType字体）。拉丁字母、阿拉伯数字与罗马数字的书写与排列，应符合表3.0.5的规定。

表 3.0.5　拉丁字母、阿拉伯数字与罗马数字的书写规则

书写格式	字体	窄字体
大写字母高度	h	h
小写字母高度（上下均无延伸）	$7h/10$	$10h/14$
小写字母伸出的头部或尾部	$3h/10$	$4h/14$
笔画宽度	$1h/10$	$1h/14$
字母间距	$2h/10$	$2h/14$
上下行基准线的最小间距	$15h/10$	$21h/14$
词间距	$6h/10$	$6h/14$

6. 拉丁字母、阿拉伯数字与罗马数字，如需写成斜体字，其斜度应是从字的底线逆时针向上倾斜75°。斜体字的高度和宽度应与相应的直体字相等。

7. 拉丁字母、阿拉伯数字与罗马数字的字高，应不小于2.5mm。

8. 拉丁字母、阿拉伯数字及罗马数字与汉字并列书写时其字高可小一至二号（图4.0.3）。

9. 拉丁字母和数字的笔画都是由直线或直线与圆弧、圆弧与圆弧组成。书写时要注意每个笔划在字形格中的部位和下笔顺序。

10. 数量的数值注写，应采用正体阿拉伯数字。各种计量单位凡前面有量值的，均应采用国家颁布的单位符号注写。单位符号应采用正体字母。

11. 分数、百分数和比例数的注写，应采用阿拉伯数字和数学符号，例如：四分之三、百分之二十五和一比二十应分别写成3/4、25％和1∶20。

12. 当注写的数字小于1时，必须写出各位的"0"，小数点应采用圆点，齐基准线书写，例如0.01。

13. 长仿宋汉字、拉丁字母、阿拉伯数字与罗马数字示例应符合现行国家标准《技术制图　字体》GB/T 14691的规定。

14. 汉字的字高，应不小于3.5mm，手写汉字的字高一般不小于5mm。

第四章 比 例

比例是表示图样尺寸与物体尺寸的比值，在工程制图中注写比例能够在图纸上反映物体的实际尺寸。

1. 图样的比例，应为图形与实物相对应的线性尺寸之比。比例的大小，是指其比值的大小，如1∶50大于1∶100。
2. 比例的符号为"∶"，比例应以阿拉伯数字表示，如1∶1、1∶2、1∶100等。
3. 比例宜注写在图名的右侧，字的基准线应取平；比例的字高宜比图名的字高小一号或二号（图4.0.3）。

平面图 1∶100　⑥ 1∶20

图4.0.3 比例的注写

4. 图样的比例应根据图样用途与被绘对象的复杂程度选取。房屋建筑室内装饰装修制图中常用比例宜为1∶1、1∶2、1∶5、1∶10、1∶15、1∶20、1∶25、1∶30、1∶40、1∶50、1∶75、1∶100、1∶150、1∶200。
5. 特殊情况下也可自选比例，这时除应注出绘图比例外，还必须在适当位置绘制出相应的比例尺。
6. 绘图所用的比例，应根据房屋建筑室内装饰装修设计的不同部位、不同阶段的图纸内容和要求，从表4.0.6中选用。

表4.0.6 绘图所用的比例

比 例	部 位	图纸内容
1∶200～1∶100	总平面、总顶面	总平面布置图、总顶棚平面布置图
1∶100～1∶50	局部平面、局部顶棚平面	局部平面布置图、局部顶棚平面布置图
1∶100～1∶50	不复杂的立面	立面图、剖面图
1∶50～1∶30	较复杂的立面	立面图、剖面图
1∶30～1∶10	复杂的立面	立面放大图、剖面图
1∶10～1∶1	平面及立面中需要详细表示的部位	详图
1∶10～1∶1	重点部位的构造	节点图

7. 一般情况下，一个图样应选用一种比例。根据表达目的的不同，同一图纸中的图样可选用不同比例。

★ 由于房屋建筑室内装饰装修设计中的细部内容多，故常使用较大的比例。但在较大规模的房屋建筑室内装饰装修设计中，根据要求要采用较小的比例。

表示比例，可以采用比例尺图示法表达，比例尺中文字高度为6.4mm（所有图幅），字体均为"简宋"。比例尺的表达见图4.0.7。

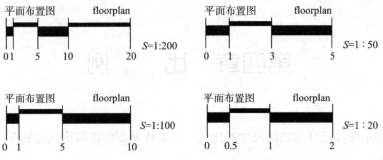

图 4.0.7 比例尺图示法表达

第五章 符 号

第一节 剖切符号

★ 一般剖切部位应根据图纸的用途和设计深度，在平面图上选择能反映工程物体内部形态、构造特征以及有代表性的部位剖切，剖视图的剖切方向由平面图中的剖切符号来表示。在标注剖切符号时，需同时对剖切面进行编号，剖面图的名称一般用其编号来命名，如1-1剖面图，2-2剖面图。在平面图中标识好剖面符号后，要在绘制的剖面图下方注明相对应的剖面图名称，如与图5.1.1-1相对应的名称为：1-1剖面图，2-2剖面图，3-3剖面图。

根据《技术制图 图样画法 剖视图和断面图》GB/T 17452，"SECTION"的中文名称确定为"剖视图"，但考虑到房屋建筑专业的习惯叫法，决定仍然沿用原有名称："剖面图"。

1. 剖视的剖切符号应符合下列规定：

1）剖视的剖切符号应由剖切位置线、投射方向线和索引符号组成。剖切位置线位于图样被剖切的部位，以粗实线绘制，长度宜为8mm～10mm；投射方向线平行于剖切位置线，由细实线绘制，一段应与索引符号相连，另一段长度与剖切位置线平行且长度相同。绘制时，剖视剖切符号不应与其他图线相接触（图5.1.1-1）。也可采用国际统一和常用的剖视方法（图5.1.1-2）。

2）剖切位置应能反映物体构造特征和设计需要标明部位。

3）剖切符号应标注在需要表示装饰装修剖面内容的位置上。

4）局部剖面图（不含首层）的剖切符号应标注在被剖切部位的最下面一层的平面图上。

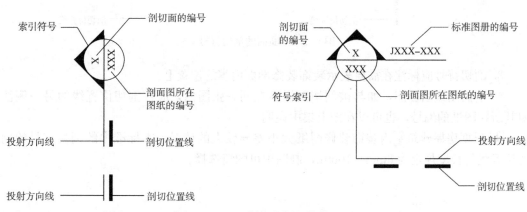

图5.1.1-1 剖视的剖切符号（一）

13

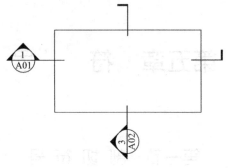

图 5.1.1-2 剖视的剖切符号（二）

5）剖视的方向由图面中剖切符号表示。

6）剖视的剖切符号的编号宜采用阿拉伯数字或字母，编写顺序按剖切部位在图样中的位置由左至右、由下至上编排，并注写在索引符号内。

7）索引符号内编号的表示方法应符合本章第二节的规定。

2. 采用由剖切位置线、引出线及索引符号组成的断面的剖切符号（图5.1.2）应符合下列规定：

1）断面的剖切符号应由剖切位置线、引出线及索引符号组成。剖切位置线应以粗实线绘制，长度宜为8mm～10mm。引出线由细实线绘制，连接索引符号和剖切位置线。

2）断面的剖切符号的编号宜采用阿拉伯数字或字母，编写顺序按剖切部位在图样中的位置由左至右、由下至上编排，并应注写在索引符号内。

3）索引符号内编号的表示方法应符合本章第二节的规定。

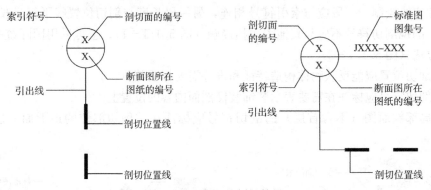

图 5.1.2 断面的剖切符号

3. 剖切符号应标注在需要表示装饰装修剖面内容的位置上。

4. 剖面图或断面图，如与被剖切图样不在同一张图内，应在剖切位置线的另一侧注明其所在图纸的编号，也可以在图上集中说明。

★ 根据房屋建筑室内装饰装修图纸大小差异较大的情况，本标准中的剖切符号的剖切位置线的长度规定为8mm～10mm，制图中可酌情选择。

第二节　索引符号与详图符号

★　由于房屋建筑室内装饰装修制图在使用索引符号时，有的圆内注字较多，故本条规定索引符号中圆的直径为 8mm～10mm；由于在立面索引符号中需表示出具体的方向，故索引符号需附有三角形箭头表示；当立面、剖面图的图纸量较少时，对应的索引符号可仅注图样编号，不注索引图所在页次；立面索引符号采用三角形箭头转动，数字、字母保持垂直方向不变的形式，是遵循了《建筑制图标准》GB/T 50104 中内视索引符号的规定；剖切索引符号采用三角形箭头与数字、字母同方向转动的形式，是遵循了《房屋建筑制图统一标准》GB/T 50001 中剖视的剖切符号的规定。

因为房屋建筑室内装饰装修制图中，图样编号较复杂，所以可出现数字和字母组合在一起编写的形式。

1. 索引符号根据用途的不同可分为立面索引符号、剖切索引符号、详图索引符号、设备索引符号、部品部件索引符号、材料索引符号。

2. 表示室内立面在平面上的位置及立面图所在图纸编号，应在平面图上使用立面索引符号（图 5.2.2）。

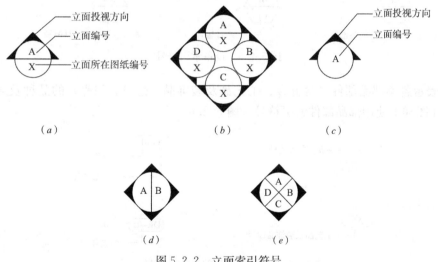

图 5.2.2　立面索引符号

3. 表示剖切面在界面上的位置或图样所在图纸编号，应在被索引的界面或图样上使用剖切索引符号（图 5.2.3）。

图 5.2.3　剖切索引符号

4. 表示局部放大图样在原图上的位置及本图样所在页码，应在被索引图样上使用详图索引符号（图 5.2.4）。

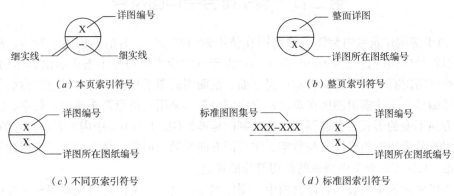

图 5.2.4　详图索引符号

5. 表示各类设备（含设备、设施、家具、洁具等）的品种及对应的编号，应在图样上使用设备索引符号（图 5.2.5）。

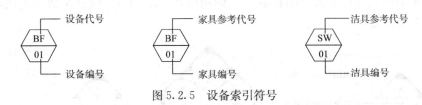

图 5.2.5　设备索引符号

6. 表示各类部品部件（含五金、工艺品及装饰品、灯具、门等）的品种及对应的编号，应在图样上使用部品部件索引符号（图 5.2.6）。

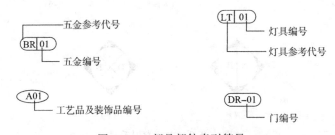

图 5.2.6　部品部件索引符号

7. 表示各类材料的品种及对应的编号，应在图样上使用材料索引符号（图 5.2.7）。

图 5.2.7　材料索引符号

8. 索引符号的绘制应符合下列规定：

1) 立面索引符号由圆、水平直径组成，圆及水平直径应以细实线绘制。根据图面比例，圆圈直径可选择 8mm～10mm。圆圈内注明编号及索引图所在页码。立面索引符号附以三角形箭头，三角形箭头方向同投射方向，但圆圈中水平直线、数字及字母（垂直）的方向不变（图 5.2.8-1）。

图 5.2.8-1　立面索引符号

2）剖切索引符号和详图索引符号均由圆圈、直径组成，圆及直径应以细实线绘制。根据图面比例，圆圈直径可选择 8mm～10mm。圆圈内注明编号及索引图所在页码。剖切索引符号附以三角形箭头，三角形箭头方向与圆中直径、数字及字母（垂直于直径）的方向保持一致，并一起随投射方向而变（图 5.2.8-2）。

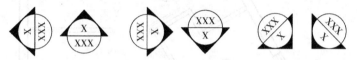

图 5.2.8-2　剖切索引符号

3）索引图样时，应以引出圈将被放大的图样范围完整圈出，并由引出线连接引出圈和详图索引符号。图样范围较小的引出圈以圆形中粗虚线绘制（图 5.2.8-3a）；范围较大的引出圈以有弧角的矩形中粗虚线绘制（图 5.2.8-3b），也可以云线绘制（图 5.2.8-3c）。

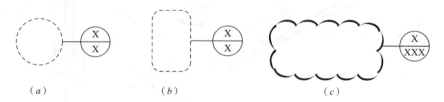

图 5.2.8-3　索引符号
(a) 范围较小的索引符号；(b) 范围较大的索引符号；(c) 范围较大的索引符号

4）设备索引符号由正六边形、水平内径线组成，正六边形、水平内径线应以细实线绘制。根据图面比例，正六边形长轴可选择 8mm～12mm。正六边形内应注明设备编号及设备品种代号（图 5.2.5）。

5）部品部件索引符号、材料索引符号，均应以细实线绘制，横向长度可选择 8mm～14mm，竖向长度可选择 4mm～8mm。图样内应注明部品部件或材料的代号及编号（图 5.2.6，图 5.2.7）。

9. 索引符号（图 5.2.9a）的编号应按下列规定编写：

1）引出图如与被索引图在同一张图纸内，应在索引符号的上半圆中用阿拉伯数字或字母注明该索引图的编号，在下半圆中间画一段水平细实线（图 5.2.4b）。

2）引出图如与被索引的详图不在同一张图纸内，应在索引符号的上半圆中用阿拉伯数字或字母注明该详图的编号，在索引符号的下半圆中用阿拉伯数字或字母注明该详图所在图纸的编号。数字较多时，可加文字标注（图 5.2.4c）。

3）索引出的详图，如采用标准图，应在索引符号水平直径的延长线上加注该标准图集的编号（图5.2.4a）。需要标注比例时，文字在索引符号右侧或延长线下方，与符号下对齐。

4）在平面图中采用立面索引符号时，应采用阿拉伯数字或字母为立面编号代表各投视方向，并应以顺时针方向排序（图5.2.9）。

5）房屋建筑室内装饰装修设计制图中，图样编号较复杂，允许出现数字和字母合在一起编写的形式。

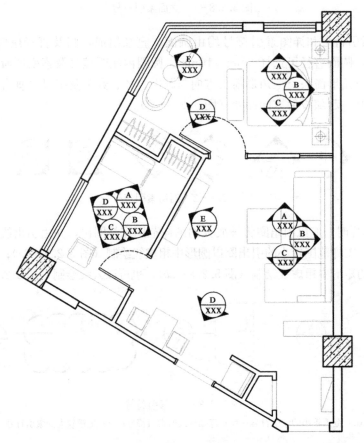

图 5.2.9 索引符号

10. 零件、钢筋、杆件、设备等的编号宜以直径为5mm～6mm（同一图样应保持一致）的细实线圆表示，其编号应用阿拉伯数字按顺序编写（图5.2.10）。

消火栓、配电箱、管井等的索引符号，直径宜以4mm～6mm为宜。

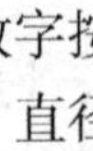

⑤

图 5.2.10 零件、钢筋等的编号

11. 详图的位置和编号，应以详图符号表示。详图符号的圆应以直径为14mm粗实线绘制。详图编号应符合下列规定：

1）详图与被索引的图样同在一张图纸内时，应在详图符号内用阿拉伯数字注明详图的编号（图5.2.11-1）。

图5.2.11-1 与被索引图样同在一张图纸内的详图符号

2）详图与被索引的图样不在同一张图纸内时，应用细实线在详图符号内画一水平直径，在上半圆中注明详图编号，在下半圆中注明被索引的图纸的编号（图5.2.11-2）。

图5.2.11-2 与被索引图样不在同一张图纸内的详图符号

第三节 图名编号

由于房屋建筑室内装饰装修设计图纸内容丰富且复杂，图号的规范有利于图纸的绘制、查阅和管理，故编制图号编号。

图名编号用来表示图样编排的符号。

1. 房屋建筑室内装饰装修需要编号的图纸有：平面图、索引图、顶棚平面图、立面图、剖面图、详图等。

2. 图名编号应由圆、水平直径、图名和比例组成。圆及水平直径均应由细实线绘制，圆直径根据图面比例，可选择8mm～12mm（图5.3.1）。

3. 图名编号的绘制应符合下列规定：

1）用来表示被索引出的图样时，应在图号圆圈内画一水平直径，上半圆中应用阿拉伯数字或字母注明该图样编号，下半圆中应用阿拉伯数字或字母注明该图索引符号所在图纸编号（图5.3.3-1）；

图5.3.3-1 索引图与被索引出的图样不在同一张图纸的图名编号

2）索引出的详图图样如与索引图同在一张图纸内，圆内可用阿拉伯数字或字母注明详图编号，也可在圆圈内画一水平直径，上半圆中用阿拉伯数字或字母注明编号，下半圆中间画一段水平细实线（图5.3.3-2）。

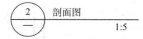

图5.3.3-2 索引图与被索引出的图样同在一张图纸内的图名编写

4. 图名编号引出的水平直线上端宜用中文注明该图的图名，其文字与水平直线前端对齐或居中。比例的注写应符合本指南第四章第4条的规定。

第四节 引出线

为了使文字说明、材料标注、索引符号等标注不影响图样的清晰，应采用引出线的形式来表示。

1. 引出线应以细实线绘制，宜采用水平方向的直线，与水平方向成 30°、45°、60°、90° 的直线，或经上述角度再折为水平线。文字说明宜注写在水平线的上方（图 5.4.1a），也可注写在水平线的端部（图 5.4.1b）。索引详图的引出线，应与水平直径相连接（图 5.4.1c）。

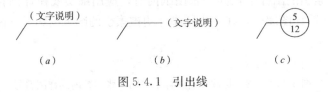

图 5.4.1　引出线

2. 同时引出的几个相同部分的引出线，宜互相平行（图 5.4.2a），也可画成集中于一点的放射线（图 5.4.2b）。

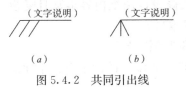

图 5.4.2　共同引出线

3. 多层构造或多个部位共用引出线，应通过被引出的各层或各部位，并用圆点示意对应位置。文字说明宜注写在水平线的上方，或注写在水平线的端部，说明的顺序应由上至下，并应与被说明的层次对应一致；如层次为横向排序，则由上至下的说明顺序应与由左至右的层次对应一致（图 5.4.3）。

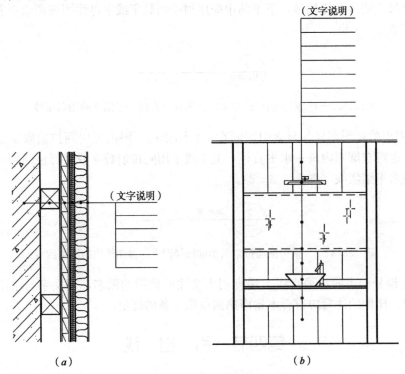

图 5.4.3-1　多层引出线

(a) 多层构造共用引出线；(b) 多个物象共用引出线

层次标注顺序见图 5.4.3-2。

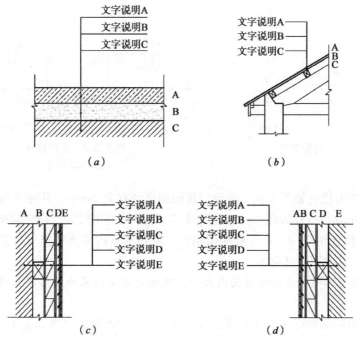

图 5.4.3-2 层次标注顺序
(a) 多层构造共用引出线；(b) 多层构造共用引出线
(c) 多层构造共用引出线；(d) 多层构造共用引出线

4. 引出线起止符号可采用圆点绘制（图 5.4.4a），也可采用箭头绘制（图 5.4.4b）。起止符号的大小应与本图样尺寸的比例相协调。

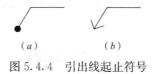

图 5.4.4 引出线起止符号

注：目前国内的房屋建筑室内装饰装修设计单位使用"圆点"和"箭头"的都有。

第五节 其他符号

1. 对称符号应由对称线和分中符号组成。对称线应用细单点长画线绘制；分中符号应用细实线绘制。分中符号可采用两对平行线或英文缩写。采用平行线为分中符号时，平行线用细实线绘制，其长度宜为 6mm～10mm，每对的间距宜为 2mm～3mm；对称线垂直平分于两对平行线，两端超出平行线宜为 2mm～3mm（图 5.5.1a）；采用英文缩写为分中符号时，大写英文 CL 置于对称线一端（图 5.5.1b）。

2. 连接符号应以折断线或波浪线表示需连接的部位。两部位相距过远时，折断线或波浪线两端靠图样一侧应标注大写拉丁字母表示连接编号。两个被连接的图样应用相同的字母编号（图5.5.2）。

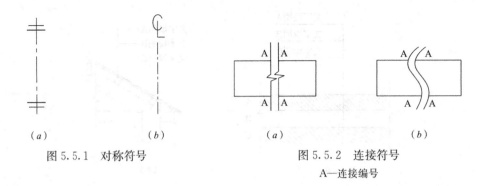

图5.5.1 对称符号　　　　图5.5.2 连接符号
A—连接编号

3. 指北针的形状宜如图5.5.3所示，其圆的直径宜为24mm，用细实线绘制；指针尾部的宽度宜为3mm，指针头部应注"北"或"N"字。需用较大直径绘制指北针时，指针尾部的宽度宜为直径的1/8。指北针应绘制在房屋建筑室内装饰装修设计整套图纸的第一张平面图上，并应位于明显位置。

注：指北针绘制的位置是根据国内大多数房屋建筑室内装饰装修单位设计制图中的情况确定的。

4. 对图纸中局部变更部分宜采用云线，并宜注明修改版次（图5.5.4）。

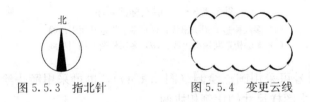

图5.5.3 指北针　　　　图5.5.4 变更云线

5. 转角符号应以垂直线连接两端交叉线并加注角度符号表示。转角符号用于表示立面的转折（图5.5.5）。

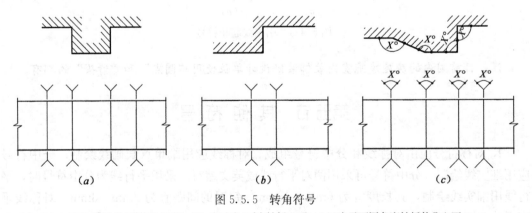

图5.5.5 转角符号
(a) 表示成90°外凸立面；(b) 表示成90°内转折立面；(c) 表示不同角度转折外凸立面

第六章 定位轴线

确定房屋中的墙、柱、梁和屋架等主要承重构件位置的基准线,称为定位轴线,它使房屋的平面位置简明有序。

1. 定位轴线应用细点画线绘制。

2. 定位轴线应编号,编号应注写在轴线端部的圆内。圆应用细实线绘制,直径为8mm~10mm。定位轴线圆的圆心,应在定位轴线的延长线或延长线的折线上。

3. 平面图上定位轴线的编号,宜标注在图样的下方或左侧。横向编号应用阿拉伯数字,从左至右顺序编写;竖向编号应用大写拉丁字母,从下至上顺序编写(图6.0.3)。

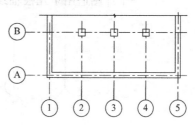

图6.0.3 定位轴线的编号顺序

4. 拉丁字母作为轴线号时,应全部采用大写字母,不应用同一个字母的大小写来区分轴线号。拉丁字母的I、O、Z不得用作轴线编号。如字母数量不够使用,可增用双字母或单字母加数字注脚,如A_A、B_A…Y_A或A_1、B_1…Y_1。

5. 组合较复杂的平面图中定位轴线也可采用分区编号(图6.0.5)。编号的注写形式应为"分区号-该分区编号"。分区号采用阿拉伯数字或大写拉丁字母表示。

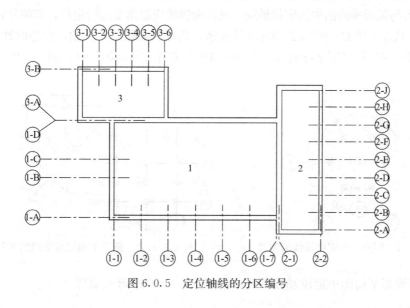

图6.0.5 定位轴线的分区编号

★ 本条定位轴线的编号方法适用于较大面积和较复杂的建筑物,一般情况下没有必要采用分区编号。

★ 图6.0.5是一个分区编号的例图,具体如何分区要根据实际情况确定。例图中举出了一根轴线分属两个区，也可编为两个轴线号的表示方法。

6. 附加定位轴线的编号，应以分数形式表示，并应符合下列规定：

1）两根轴线间的附加轴线，应以分母表示前一轴线的编号，分子表示附加轴线的编号。编号宜用阿拉伯数字顺序编写，如：

①/② 表示 2 号轴线之后附加的第一根轴线；

③/C 表示 C 号轴线之后附加的第三根轴线。

2）1 号轴线或 A 号轴线之前的附加轴线的分母应以 01 或 0A 表示，如：

①/01 表示 1 号轴线之前附加的第一根轴线。

③/0A 表示 A 号轴线之前附加的第三根轴线。

7. 一个详图适用于几根轴线时，应同时注明各有关轴线的编号（图 6.0.7）。

图 6.0.7 详图的轴线编号

8. 通用详图中的定位轴线，应只画圆，不注写轴线编号。

9. 圆形与弧形平面图中的定位轴线，其径向轴线应以角度进行定位，其编号宜用阿拉伯数字表示，从左下角或－90°（若径向轴线很密，角度间隔很小）开始，按逆时针顺序编写；其环向轴线宜用大写拉丁字母表示，从外向内顺序编写（图 6.0.9－1、图 6.0.9－2）。

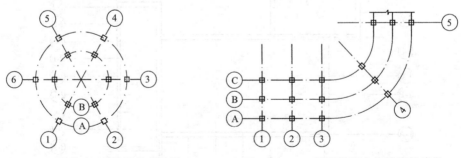

图 6.0.9－1 圆形平面定位轴线的编号　　图 6.0.9－2 弧形平面定位轴线的编号

10. 折线形平面图中定位轴线的编号可按图 6.0.10 的形式编写。

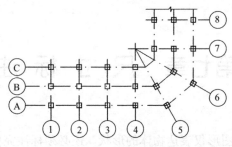

图 6.0.10 折线形平面定位轴线的编号

★ 图 6.0.10 为折线形平面图中定位轴线的编号示例,但没有规定具体的编号方法,制图中可参照例图灵活处理。对更复杂的平面如何编号,还有待从实际中归纳总结。

第七章 尺寸标注

在绘制工程图样时,图形仅表达物体的形状,还必须标注完整的尺寸数据并配以相关文字说明,才能作为施工等工作的依据。

第一节 尺寸界线、尺寸线及尺寸起止符号

1. 图样上的尺寸,包括尺寸界线、尺寸线、尺寸起止符号和尺寸数字(图 7.1.1)。

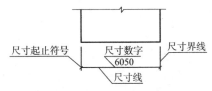

图 7.1.1 尺寸的组成

2. 尺寸界线应用细实线绘制,一般应与被注长度垂直,其一端应离开图样轮廓线不小于 2mm,另一端宜超出尺寸线 2mm～3mm。图样轮廓线可用作尺寸界线(图 7.1.2)。
3. 尺寸线应用细实线绘制,应与被注长度平行。图样本身的任何图线均不得用作尺寸线。
4. 尺寸起止符号可用中粗斜短线绘制,其倾斜方向应与尺寸界线成顺时针 45°角,长度宜为 2mm～3mm;也可用黑色圆点绘制,其直径宜为 1mm。半径、直径、角度与弧长的尺寸起止符号,宜用箭头表示(图 7.1.4)。

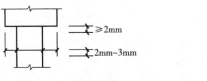

图 7.1.2 尺寸界线 　　　　图 7.1.4 箭头尺寸起止符号

★ 尺寸起止符号一般情况下可用斜短线也可用小圆点,圆弧的直径、半径等用箭头。轴测图中用小圆点,效果还是比较好的。

第二节 尺寸数字

1. 图样上的尺寸,应以尺寸数字为准,不得从图上直接量取。
2. 图样上的尺寸单位,除标高及总平面以米为单位外,其他必须以毫米为单位。
3. 尺寸数字的方向,应按图 7.2.3(a)的规定注写。若尺寸数字在 30°斜线区内,宜按图 7.2.3(b)的形式注写。

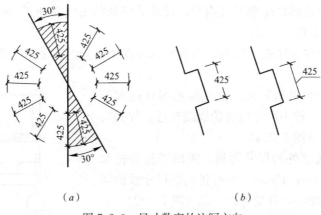

图 7.2.3　尺寸数字的注写方向

★ 按图 7.2.3 所示，尺寸数字的注写方向和阅读方向规定为：当尺寸线为竖直时，尺寸数字注写在尺寸线的左侧，字头朝左；其他任何方向，尺寸数字字头应保持向上，且注写在尺寸线的上方，如果在 30°斜线区内注写时，容易引起误解，故推荐采用两种水平注写方式。

图 7.2.3(a) 中斜线区内尺寸数字注写方式为软件默认方式，图 7.2.3(b) 注写方式较适合手绘操作。故此，本标准将图 7.2.3(a) 注写方式定为首选方案。

4. 尺寸数字一般应依据其方向注写在靠近尺寸线的上方中部。如标注位置相对密集，没有足够的注写位置，最外边的尺寸数字可注写在尺寸界线的外侧，中间相邻的尺寸数字可上下错开注写在离该尺寸线较近处（图 7.2.4）。

图 7.2.4　尺寸数字的注写位置

第三节　尺寸的排列与布置

1. 尺寸分为总尺寸、定位尺寸、细部尺寸三种。绘图时，应根据设计深度和图纸用途确定所需注写的尺寸。

2. 尺寸标注应清晰，不应与图线、文字及符号等相交或重叠（图 7.3.2）。

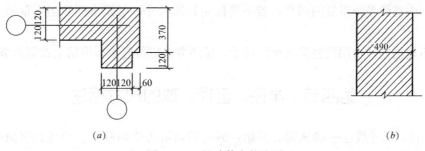

图 7.3.2　尺寸数字的注写

27

★ 如尺寸标注在图样轮廓线以内时，尺寸数字处的图线应断开。另外图样轮廓线也可用作尺寸界限，如图 7.3.2(b)。

3. 尺寸宜标注在图样轮廓以外，当需要标注在图样内时，不应与图线文字及符号等相交或重叠。

4. 互相平行的尺寸线，应从被注写的图样轮廓线由近向远整齐排列，较小尺寸应离轮廓线较近，较大尺寸应离轮廓线较远（图 7.3.4）。

5. 图样轮廓线以外的尺寸界线，距图样最外轮廓之间的距离，不宜小于 10mm。平行排列的尺寸线的间距，宜为 7mm～10mm，并应保持一致（图 7.3.2）。

6. 总尺寸的尺寸界线应靠近所指部位，中间的分尺寸的尺寸界线可稍短，但其长度应相等（图 7.3.4）。

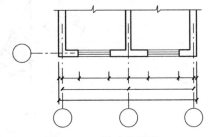

图 7.3.4　尺寸的排列

7. 总尺寸应标注在图样轮廓以外。定位尺寸及细部尺寸可根据用途和内容注写在图样外或图样内相应的位置。注写要求应符合本标准第七章第二节第四条的规定。

8. 尺寸标注和标高注写，宜符合下列规定：

1) 立面图、剖面图及详图应标注标高和垂直方向尺寸；不易标注垂直距离尺寸时，可在相应位置表示标高（图 7.3.8-1）；

2) 各部分定位尺寸及细部尺寸应注写净距离尺寸或轴线间尺寸；

3) 标注剖面或详图各部位的定位尺寸时，应注写其所在层次内的尺寸（图 7.3.8-2）；

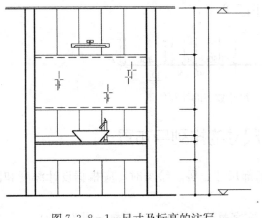

图 7.3.8-1　尺寸及标高的注写

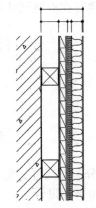

图 7.3.8-2　尺寸的注写

4) 图中连续等距重复的图样，若不易标明具体尺寸，可按本标准第七章第七节的规定表示；

5) 不规则图样可用网格形式标注尺寸，标注方法应符合本标准第七章第六节的规定。

第四节　半径、直径、球的尺寸标注

1. 半径的尺寸线应一端从圆心开始，另一端画箭头指向圆弧。半径数字前应加注半径符号"R"（图 7.4.1）。

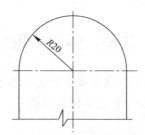

图 7.4.1 半径标注方法

★ 加注半径符号 R 时,"R20"不能注写为"R=20"或"r=20"。

2. 较小圆弧的半径,可按图 7.4.2 形式标注。

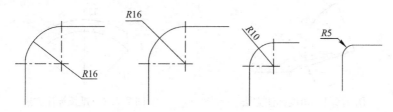

图 7.4.2 小圆弧半径的标注方法

3. 较大圆弧的半径,可按图 7.4.3 形式标注。

图 7.4.3 大圆弧半径的标注方法

4. 标注圆的直径尺寸时,直径数字前应加直径符号"ϕ"。在圆内标注的尺寸线应通过圆心,两端画箭头指至圆弧(图 7.4.4)。

5. 较小圆的直径尺寸,可标注在圆外(图 7.4.5)。

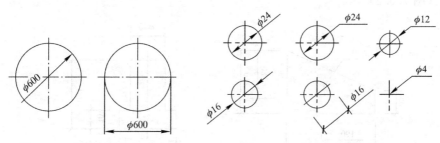

图 7.4.4 圆直径的标注方法　　图 7.4.5 小圆直径的标注方法

★ 加注直径符号 ϕ 时,"ϕ"不能注写为"$\phi=60$"、"$D=60$"或"$d=60$"。

6. 标注球的半径尺寸时,应在尺寸前加注符号"SR"。标注球的直径尺寸时,应在尺寸数字前加注符号"$S\phi$"。注写方法与圆弧半径和圆直径的尺寸标注方法相同。

第五节 角度、弧度、弧长的标注

1. 角度的尺寸线应以圆弧表示。该圆弧的圆心应是该角的顶点，角的两条边为尺寸界线。起止符号应以箭头表示，如没有足够位置画箭头，可用圆点代替，角度数字应沿尺寸线方向注写（图7.5.1）。

★ 根据计算机制图的特点，角度数字注写方向改为软件较易实现的沿尺寸线方向。

2. 标注圆弧的弧长时，尺寸线应以与该圆弧同心的圆弧线表示，尺寸界线应指向圆心，起止符号用箭头表示，弧长数字上方应加注圆弧符号"⌒"（图7.5.2）。

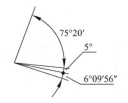
图7.5.1 角度标注方法

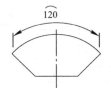
图7.5.2 弧长标注方法

★ 根据计算机制图的特点，弧长数字的注写方法改为软件较易实现的在数字前方加注圆弧符号"⌒"的方式，尺寸界线也改为更容易理解的沿径向引出的方式。

3. 标注圆弧的弦长时，尺寸线应以平行于该弦的直线表示，尺寸界线应垂直于该弦，起止符号用中粗斜短线表示（图7.5.3）。

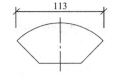
图7.5.3 弦长标注方法

第六节 薄板厚度、正方形、坡度、非圆曲线等尺寸标注

1. 在薄板板面标注板厚尺寸时，应在厚度数字前加厚度符号"t"（图7.6.1）。
2. 标注正方形的尺寸，可用"边长×边长"的形式，也可在边长数字前加正方形符号"□"（图7.6.2）。

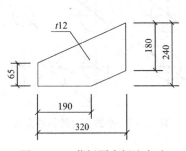
图7.6.1 薄板厚度标注方法

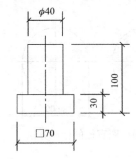
图7.6.2 标注正方形尺寸

★ 正方形符号"□"和直径符号"ϕ"的标注方法一样。

3. 标注坡度时，应加注坡度符号"←"（图7.6.3a、b），该符号为单面箭头，箭头应指向下坡方向。坡度也可用直角三角形形式标注（图7.6.3c）。

图7.6.3 坡度标注方法

★ 注意坡度的符号是单面箭头，而不是双面箭头。

4. 外形为非圆曲线的构件，可用坐标形式标注尺寸（图7.6.4）。

5. 复杂的图形，可用网格形式标注尺寸（图7.6.5）。

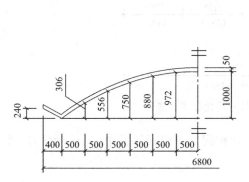

图7.6.4 坐标法标注曲线尺寸

图7.6.5 网格法标注曲线尺寸

第七节 尺寸的简化标注

1. 杆件或管线的长度，在单线图（桁架简图、钢筋简图、管线简图）上，可直接将尺寸数字沿杆件或管线的一侧注写（图7.7.1）。

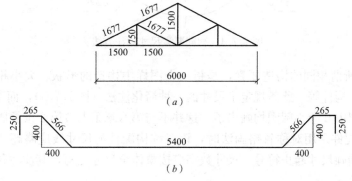

图7.7.1 单线图尺寸标注方法

★ 单线图上尺寸数字的注写和阅读方向，也应符合本章第二节第3条的规定。

2. 连续排列的等长尺寸，可用"等长尺寸×个数＝总长"（图7.7.2a）或"等分×个数＝总长"（图7.7.2b）的形式标注。

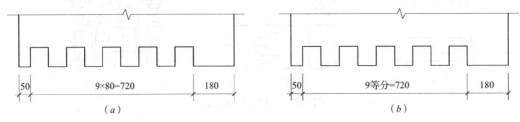

图7.7.2　等长尺寸简化标注方法

3. 设计图中连续重复的构配件等，当不易标明定位尺寸时，可在总尺寸的控制下，定位尺寸不用数值而用"均分"或"EQ"字样表示，如图7.7.3所示。

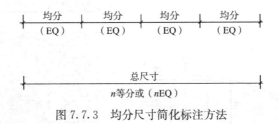

图7.7.3　均分尺寸简化标注方法

4. 构配件内的构造因素（如孔、槽等）如相同，可仅标注其中一个要素的尺寸（图7.7.4）。

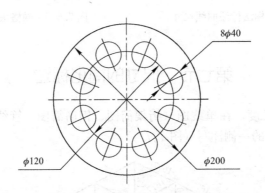

图7.7.4　相同要素尺寸标注方法

★ 本条中所谓相同的构造要素，是指一个图样中构造的形状、大小相同且距离均匀相等的孔、洞、构件等。此条规定了尺寸的一种简化注法（图7.7.4），而不涉及图样的简化画法。所以图中6个小圆圈均画出了，这并不与第八章第七节第2条矛盾。

5. 对称构配件采用对称省略画法时，该对称构配件的尺寸线应略超过对称符号，仅在尺寸线的一端画尺寸起止符号，尺寸数字应按整体全尺寸注写，其注写位置宜与对称符号对齐（图7.7.5）。

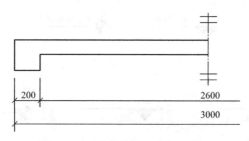

图 7.7.5 对称构件尺寸标注方法

6. 两个构配件，如个别尺寸数字不同，可在同一图样中将其中一个构配件的不同尺寸数字注写在括号内，该构配件的名称也应注写在相应的括号内（图 7.7.6）。

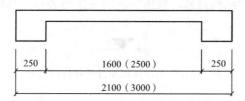

图 7.7.6 相似构件尺寸标注方法

7. 数个构配件，如仅某些尺寸不同，这些有变化的尺寸数字，可用拉丁字母注写在同一图样中，另列表格写明其具体尺寸（图 7.7.7）。

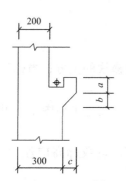

构件编号	a	b	c
Z-1	200	50	100
Z-2	250	100	100
Z-3	200	100	150

图 7.7.7 相似构配件尺寸表格式标注方法

第八节 标 高

1. 房屋建筑室内装饰装修设计中，设计空间应标注标高，标高符号可采用直角等腰三角形（图 7.8.1a），也可采用涂黑的三角形或 90°对顶角的圆（图 7.8.1b、图 7.8.1c），标注顶棚标高时也可采用 CH 符号表示（图 7.8.1d）。标高符号的具体画法如图 7.8.1(e)、图 7.8.1(f)、图 7.8.1(g)所示。

★ 由于目前的房屋建筑室内装饰装修制图对一般空间所采用的标高符号多为本标准中的四种，且对应用部位不加区分，故本条对此四种符号的使用亦不作规定。但同一套图纸中应采用同一种符号；对于±0.000 标高的设定，由于房屋建筑室内装饰装修设计涉及的空间类型复杂，故本条对±0.000 的设定位置不作具体要求，制图中可根据实际情况设

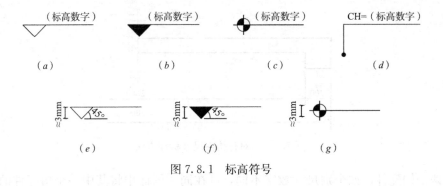

图 7.8.1 标高符号

定,但应在相关的设计文件中说明本设计中±0.000 的设定位置。

2. 总平面图室外地坪标高符号,宜用涂黑的三角形表示,具体画法如图 7.8.2 所示。

图 7.8.2 总平面图室外地坪标高符号

3. 标高符号的尖端应指至被注高度的位置。尖端宜向下,也可向上。标高数字应注写在标高符号的上侧或下侧(图 7.8.3)。

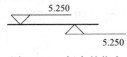

图 7.8.3 标高的指向

★ 当标高符号指向下时,标高数字注写在左侧或右侧横线的上方;当标高符号指向上时,标高数字注写在左侧或右侧横线的下方。

4. 标高数字应以米为单位,注写到小数点以后第三位。在总平面图中,可注写到小数字点以后第二位。

5. 零点标高应注写成±0.000,正数标高不注"+",负数标高应注"一",例如 3.000、—0.600。

6. 在图样的同一位置需表示几个不同标高时,标高数字可按图 7.8.6 的形式注写。

图 7.8.6 同一位置注写多个标高数字

★ 同时注写几个标高时,应按数值大小从上到下顺序书写。根据征求意见,括号取消。

★ 标高是能够反映工程物体的绝对高度和相对高度的符号,在总图上等高线所标注的高度为绝对标高,工程物体上的标高是相对标高。

第八章 图样画法

第一节 投影法

因房屋建筑室内装饰装修设计制图表现建筑内部空间界面的装饰装修内容，故所采用的视点位于建筑内部。

1. 房屋建筑室内装饰装修设计的视图，应采用位于建筑内部的视点按正投影法并用第一角画法绘制。如图 8.1.1 所示，自 A 的投影镜像图称为顶棚平面图，自 B 的投影称为平面图，自 C、D、E、F 的投影称为立面图（图 8.1.1）。

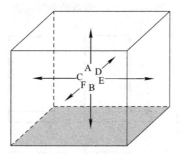

图 8.1.1　第一角画法

2. 顶棚平面图采用镜像投影法绘制，其图像中纵横轴线排列应与平面图完全一致，易于相互对照，清晰识读（图 8.1.2）。

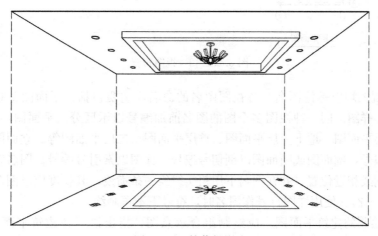

图 8.1.2　镜像投影法

3. 装饰装修界面与投影面不平行时，可用展开图表示。

第二节 视图布置

1. 如在同一张图纸上绘制若干个视图时，各视图的位置应根据视图的逻辑关系和版面的美观决定（图8.2.1-1），各视图的位置宜按图8.2.1-2的顺序进行布置。

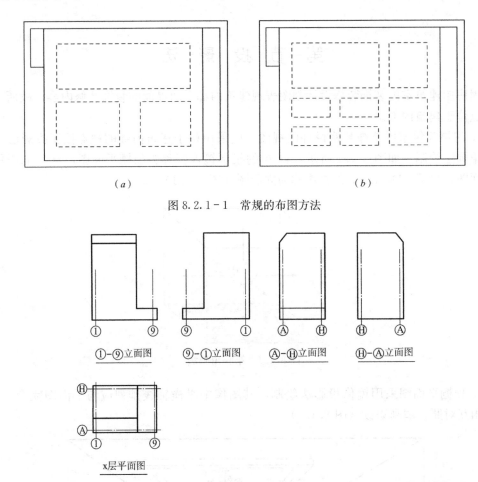

图8.2.1-1 常规的布图方法

图8.2.1-2 视图布置

2. 每个视图均应标注图名。各视图图名的命名，主要包括：平面图、立面图、剖面图或断面图、详图。同一种视图多个图的图名前加编号以示区分。平面图，以楼层编号，包括地下二层平面图、地下一层平面图、首层平面图、二层平面图等。立面图以该图两端头的轴线号编号，剖面图或断面图以剖切号编号。详图以索引号编号。图名宜标注在视图的下方、一侧或相近位置，并在图名下用粗实线绘一条横线，其长度应以图名所占长度为准（图8.2.1-2）。使用详图符号作图名时，符号下不再画线。

3. 分区绘制的建筑平面图，应绘制组合示意图，指出该区在建筑平面图中的位置。各分区视图的分区部位及编号均应一致，并应与组合示意图一致（图8.2.3）。

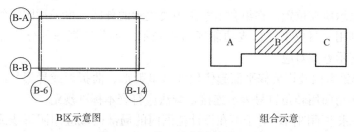

图 8.2.3 分区绘制建筑平面图

4. 总平面图应反映建筑物在室外地坪上的墙基外包线，不应画屋顶平面投影图。同一工程不同专业的总平面图，在图纸上的布图方向均应一致；单体建（构）筑物平面图在图纸上的布图方向，必要时可与其在总平面图上的布图方向不一致，但必须标明方位；不同专业的单体建（构）筑物平面图，在图纸上的布图方向均应一致。

★ 在建筑设计中，表示拟建房屋所在规划用地范围内的总体布置图，并反映与原有环境的关系和领界的情况等的图样称为总平面图。

★ 在房屋建筑室内装饰装修设计中，表示需要设计的平面与所在楼层平面或环境的总体关系的图样称为总平面图。

5. 建（构）筑物的某些部分，如与投影面不平行（如圆形、折线形、曲线形等），在画立面图时，可将该部分展至与投影面平行，再以正投影法绘制，并应在图名后注写"展开"字样。

6. 建筑吊顶（顶棚）灯具、风口等设计绘制布置图，应是反映在地面上的镜面图，不是仰视图。

第三节 平　面　图

1. 除顶棚平面图外，各种平面图应按正投影法绘制。

2. 平面图宜取视平线以下适宜高度水平剖切俯视所得，根据表现内容的需要可增加剖视高度和剖切平面。

3. 建筑物平面图应在建筑物的门窗洞口处水平剖切俯视（屋顶平面图应在屋面以上俯视），图内应包括剖切面及投影方向可见的建筑构造以及必要的尺寸、标高等，如需表示高窗、洞口、通气孔、槽、地沟及起重机等不可见部分，则应以虚线绘制。

4. 平面图应表达室内水平界面中正投影方向的物象。需要时还应表示剖切位置中正投影方向墙体的可视物象。

5. 局部平面放大图的方向宜与楼层平面图的方向一致。

6. 平面图中应注写房间的名称或编号，编号注写在直径为6mm细实线绘制的圆圈内，其字体大小应大于图中索引用文字标注，并在同张图纸上列出房间名称表。

7. 平面图中的装饰装修物件可注写名称或用相应的图例符号表示。

8. 在同一张图纸上绘制多于一层的平面图时，各层平面图宜按层数由低向高的顺序从左至右或从下至上布置。

9. 较大的房屋建筑室内装饰装修平面图，可分区绘制平面图，每张分区平面图均应以组合示意图表示所在位置。在组合示意图中要表示的分区，可采用阴影线或填充色块表示。各分区分别用大写拉丁字母或功能区名称表示。各分区视图的分区部位及编号应一致，并应与组合示意图对应。

10. 房屋建筑室内装饰装修平面起伏较大（呈弧形、曲折形或异形）时，可用展开图表示，不同的转角面用转角符号表示连接，画法应符合本标准规定。

11. 在同一张平面图内，对于不在设计范围内的局部区域应用阴影线或填充色块的方式表示。

12. 为表示室内立面在平面上的位置，应在平面图上表示出相应的立面索引符号。立面索引符号的绘制应符合本标准的规定。

13. 平面图上未被剖切到的墙体立面的洞、龛等，在平面图中可用细虚线连接表明其位置。

14. 房屋建筑室内各种平面中出现异形的凹凸形状时，可用剖面图表示。

第四节　顶棚平面图

1. 房屋建筑室内装饰装修顶棚平面图应按镜像投影法绘制。

2. 顶棚平面图中应省去平面图中门的符号，用细实线连接门洞以表明位置。墙体立面的洞、龛等，在顶棚平面中可用细虚线连接表明其位置。

3. 顶棚平面图应表示出镜像投影后水平界面上的物象。需要时还应表示剖切位置中投影方向的墙体的可视内容。

4. 平面为圆形、弧形、曲折形、异形的顶棚平面，可用展开图表示，不同的转角面用转角符号表示连接。

5. 房屋建筑室内顶棚上出现异形的凹凸形状时，可用剖面图表示。

第五节　立　面　图

1. 房屋建筑室内装饰装修立面图应按正投影法绘制。

2. 立面图应表达室内垂直界面中投影方向的物体。需要时还应表示剖切位置中投影方向的墙体、顶棚、地面的可视内容。

★ 本条文中所说的"需要时"是特指施工图阶段的立面图绘制。

3. 室内立面图应包括投影方向可见的室内轮廓线和装修构造、门窗、构配件、墙面做法、固定家具、灯具、必要的尺寸和标高及需要表达的非固定家具、灯具、装饰物件等（室内立面图的顶棚轮廓线，可根据具体情况只表达吊平顶或同时表达吊平顶及结构顶棚）。

4. 立面图的两端宜标注建筑平面定位轴线号。

★ 立面图上标注房屋建筑平面中的轴线编号是便于对照平面内容，但较小区域或平面转折较多的立面不宜采用此方法。

5. 平面为圆形、弧形、曲折形、异形的室内立面，可用展开图表示，不同的转角面用转角符号表示连接，圆形或多边形平面的建筑物，可分段展开绘制立面图，但均应在图名后加注"展开"二字。

6. 对称式装饰装修面或物体等，在不影响物象表现的情况下，立面图可绘制一半，并在对称轴线处画对称符号。

7. 在房屋建筑室内装饰装修立面图上，相同的装饰装修构造样式可选择一个样式绘出完整图样，其余部分可以只画图样轮廓线。

8. 在房屋建筑室内装饰装修立面图上，表面分隔线应表示清楚，并应用文字说明各部位所用材料及色彩等。

9. 圆形或弧线形的立面图应以细实线表示出该立面的弧度感（图 8.5.9）。

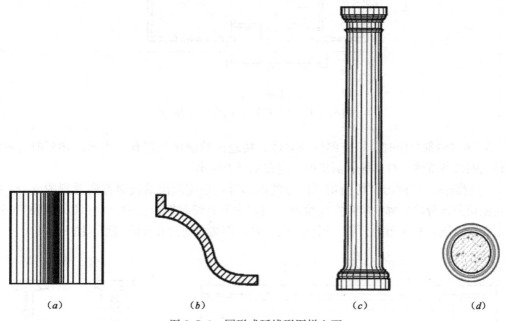

图 8.5.9　圆形或弧线形图样立面
(a) 立面图；(b) 平面图；(c) 立面图；(d) 平面图

10. 立面图宜根据平面图中立面索引编号标注图名。有定位轴线的立面，也可根据两端定位轴线号编注立面图名称（如①～②立面图、Ⓐ～Ⓑ立面图）。

第六节　剖面图和断面图

1. 剖面图的剖切部位，应根据图纸的用途或设计深度，在平面图上选择能反映全貌、构造特征以及有代表性的部位剖切。

2. 各种剖面图应按正投影法绘制。

3. 建筑剖面图内应包括剖切面和投影方向可见的建筑构造、构配件以及必要的尺寸、标高等。

4. 剖切符号可用阿拉伯数字、罗马数字或拉丁字母编号（图 8.6.4）。

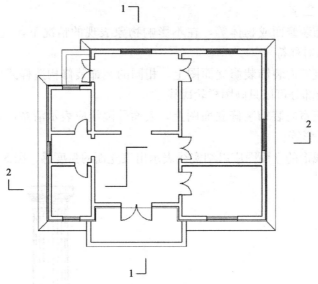

图 8.6.4 剖切符号在平面图上的画法

5. 画室内剖立面时，相应部位的墙体、楼地面的剖切面宜有所表示。必要时，占空间较大的设备管线、灯具等的剖切面，应在图纸上绘出。

6. 剖面图除应画出剖切面切到部分的图形外，还应画出沿投射方向看到的部分，被剖切面切到部分的轮廓线用粗实线绘制，剖切面没有切到但沿投射方向可以看到的部分，用中实线绘制；断面图则只需（用粗实线）画出剖切面切到部分的图形（图 8.6.6）。

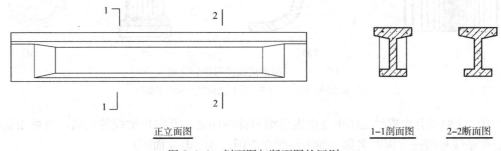

图 8.6.6 剖面图与断面图的区别

★ 根据房屋建筑室内装饰装修制图的需要，本指南对绘制剖面图和断面图的线型作了规定。

7. 剖面图和断面图应按下列方法剖切后绘制：
1）用一个剖切面剖切（图 8.6.7-1）；
2）用两个或两个以上平行的剖切面剖切（图 8.6.7-2）；
3）用两个相交的剖切面剖切（图 8.6.7-3）。用此法剖切时，应在图名后注明"展开"字样。

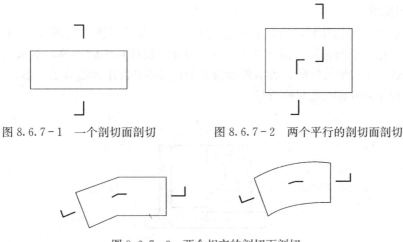

图 8.6.7-1 一个剖切面剖切　　图 8.6.7-2 两个平行的剖切面剖切

图 8.6.7-3 两个相交的剖切面剖切

8. 分层剖切的剖面图,应按层次以波浪线将各层隔开,波浪线不应与任何图线重合(图 8.6.8-1)。

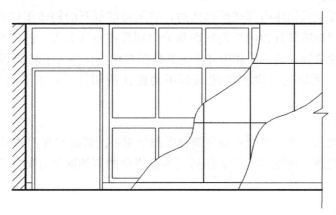

图 8.6.8-1 分层剖切的剖面图

★ 画剖视图时,根据物体的不同形状、特征,常选用下述几种不同的剖切方法形成剖视图。

1) 全剖视图

用一个剖切面完全剖开物体后画出的剖视图,称为全剖视图。当一个物体的外形简单、内部复杂,或者外形虽然复杂而另有视图表达清楚时,常采用全剖视图,如图 8.6.8-2 所示的剖视图。

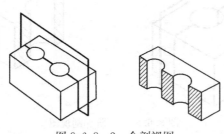

图 8.6.8-2 全剖视图

41

2）半剖视图

需要表示对称的物体时，可以对称线为界，一半画外形图（视图），一半画剖视图，这样的剖视图称为半剖视图（图8.6.8-3）。因此，设计对称的物体，常采用半剖视图，其图样同时表达出内形与外形，表示外形的半个视图不必再用虚线表示内形，半个剖视图和半个外形视图的分界线是对称符号。

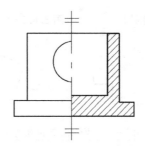

图 8.6.8-3 半剖视图

3）局部剖视图

当设计只需要表示物体内部局部构造时，表示局部剖开的物体图样称为局部剖视图。局部剖视图的外层视图部分和内层剖视图部分也用细波浪线分界，波浪线表明剖切范围，不能超出图样的轮廓线，也不应和图样上的其他图线相重合。由于局部剖视图的剖切位置一般都比较明显，所以局部剖视图通常都不会标注剖切符号，也不另行标注剖视图的图名。

4）斜剖视图

前述的全剖视图、半剖视图和局部剖视图都是用一剖切面剖开物体后得到的，其图样都是最常用的剖视图。而用不平行于任何基本投影面的剖切面剖开物体后得到的剖视图，称为斜剖视图。

5）阶梯剖视图

用两个或两个以上平行的剖切面剖切物体的方法称为阶梯剖，所得到的剖视图称为阶梯剖视图（图8.6.8-4）。当物体内部结构需要用两个或两个以上平行的剖切面剖开才能显示清楚时，可采用阶梯剖。画阶梯剖视图时要注意，不应画出两个剖切平面的转折处的分界线。

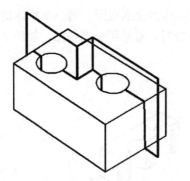 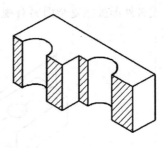

图 8.6.8-4 阶梯剖视图

6）旋转剖视图

用两个相交的剖切平面（交线垂直于某基本投影面）剖开物体的方法，称为旋转剖。采用旋转剖画剖视图时，以假想的两个相交的剖切平面剖开物体，移去假想剖切掉的部分，把留下的部分向选定的基本投影面作正投影，但对倾斜于选定的基本投影面的剖切平面剖开的结构及其有关部分，要旋转到与选定的基本投影面平行面后再进行投影。用旋转剖得到的剖视图，称为旋转剖视图（图8.6.8-5），其剖视图应在图名后加注字样。画旋转剖视图时应注意不画两个剖切平面截出的断面的转折线。

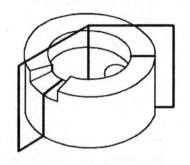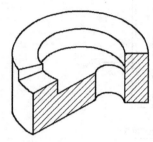

图8.6.8-5　旋转剖视图

7）分层剖切剖视图

对物体的多层构造可用相互平行的剖切面按构造层次逐层局部剖开，用这种分层剖切的方法所得到的剖视图，称为分层剖切剖视图（图8.6.8-6），在房屋建筑室内装饰装修制图中用来表达室内物体的复杂构造。分层剖切剖视图应表达各层次的构造。

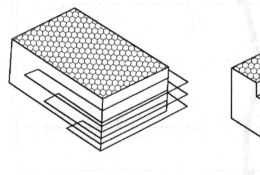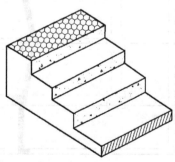

图8.6.8-6　分层剖切剖视图

9. 杆件的断面图可绘制在靠近杆件的一侧或端部处并按顺序依次排列（图8.6.9-1），也可绘制在杆件的中断处（图8.6.9-2）；结构梁板的断面图可画在结构布置图上（图8.6.9-3）。

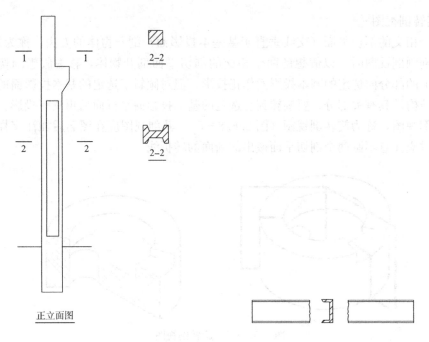

图 8.6.9-1 断面图按顺序排列　　图 8.6.9-2 断面图画在杆件中断处

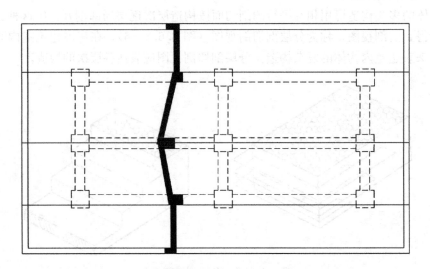

图 8.6.9-3 断面图画在布置图上

第七节 简化画法

1. 构配件的视图有一条对称线，可只画该视图的一半；视图有两条对称线，可只画该视图的 1/4，并画出对称符号（图 8.7.1-1）。图形也可稍超出其对称线，此时可不画对称符号（图 8.7.1-2）。

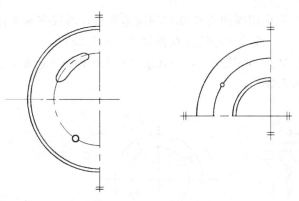

图 8.7.1-1 画出对称符号

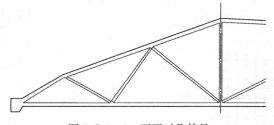

图 8.7.1-2 不画对称符号

对称的形体需画剖面图或断面图时，可以对称符号为界，一半画视图（外形图），一半画剖面图或断面图（图 8.7.1-3）。

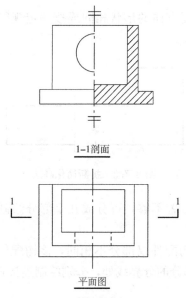

图 8.7.1-3 一半画视图，一半画剖面图

★ 图 8.7.1-3 中 1-1 剖面是把视图（即外形图）的左半边与剖面图的右半边拼合为一个图形，即把两个图形简化为一个图形。这是一种简化画法，因此在平面图中，剖切符号仍应按第五章第一节的规定标注。

2. 构配件内多个完全相同而连续排列的构造要素，可仅在两端或适当位置画出其完整形状，其余部分以中心线或中心线交点表示（图8.7.2a）。

如相同构造要素少于中心线交点，则其余部分应在相同构造要素位置的中心线交点处用小圆点表示（图8.7.2b）。

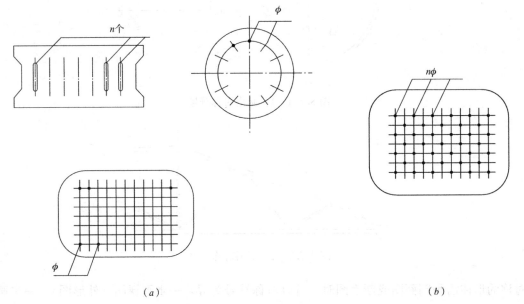

图8.7.2　相同要素简化画法

3. 较长的构件，如沿长度方向的形状相同或按一定规律变化，可断开省略绘制，断开处应以折断线表示（图8.7.3）。

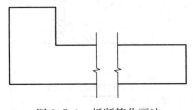

图8.7.3　折断简化画法

4. 一个构配件，如绘制位置不够，可分成几个部分绘制，并应以连接符号表示相连（图5.5.2）。

5. 一个构配件如与另一构配件仅部分不相同，该构配件可只画不同部分，但应在两个构配件的相同部分与不同部分的分界线处，分别绘制连接符号（图8.7.5）。

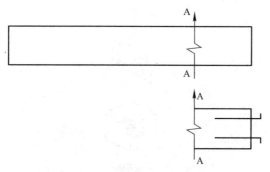

图 8.7.5 构件局部不同的简化画法

第八节 其他规定

房屋建筑室内装饰装修构造详图、节点图，应按正投影法绘制。

第九节 轴 测 图

1. 房屋建筑的轴测图（图 8.9.1），宜采用正等测投影并用简化轴伸缩系数绘制。

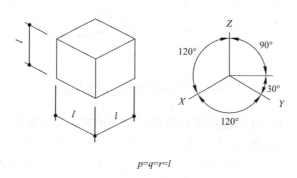

$p=q=r=l$

图 8.9.1 正等测的画法

★ 6 种典型轴测绘图方法的规定，是基于手工绘图工具和手工绘图方法情况的绘图规范，在计算机辅助建筑设计成为绝对主流的状况下，除正等测之外的其余 5 种轴测几乎没有应用的必要。（1）计算机绘图原理：CAD 在"视图"工具中给出两种轴测显示的工具"三维视图"与"三维动态观察器"，前者可以得到 4 个角度的正等测轴测，后者可以得到任何角度的轴测，而尺寸标注不受观察角度影响。（2）中国在县以下不设正规建筑设计机构，中国对甲乙丙丁各级设计机构的资质要求，使得计算机辅助建筑设计在设计机构的覆盖率接近 100%。（3）在建筑工程设计中，使用轴测图的情况不多，即使用于个别效果图和复杂节点的表示，绝大多数用正等测就已经能清楚地表达设计意图和正确地传递设计信息。

2. 轴测图的可见轮廓线宜用中实线绘制，断面轮廓线宜用粗实线绘制。不可见轮廓线不绘出，必要时，可用细虚线绘出所需部分。

3. 轴测图的断面上应画出其材料图例线，图例线应按其断面所在坐标面的轴测方向绘制。如以 45°斜线为材料图例线时，应按图 8.9.3 的规定绘制。

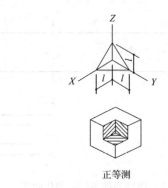

正等测

图 8.9.3 轴测图断面图例线画法

4. 轴测图的角度尺寸，应标注在该角所在的坐标面内，尺寸线应画成相应的椭圆弧或圆弧。尺寸数字应水平方向注写（图 8.9.4）。

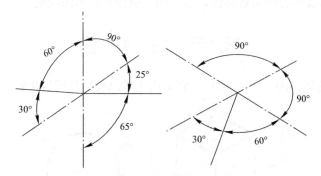

图 8.9.4 轴测图角度的标注方法

5. 轴测图线性尺寸，应标注在各自所在的坐标面内，尺寸线应与被注长度平行，尺寸界线应平行于相应的轴测轴，尺寸数字的方向应平行于尺寸线，如出现字头向下倾斜时，应将尺寸线断开，在尺寸线断开处水平方向注写尺寸数字。轴测图的尺寸起止符号宜用小圆点（图 8.9.5）。

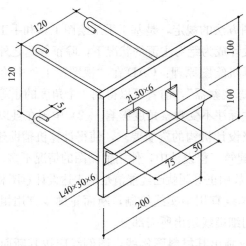

图 8.9.5 轴测图线性尺寸的标注方法

6. 测图中的圆径尺寸,应标注在圆所在的坐标面内;尺寸线与尺寸界线应分别平行于各自的轴测轴。圆弧半径和小圆直径尺寸也可引出标注,但尺寸数字应注写在平行于轴测轴的引出线上(图8.9.6)。

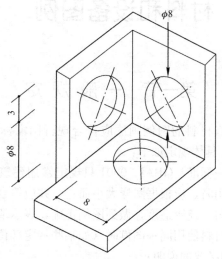

图 8.9.6 轴测图圆直径标注方法

第十节 透 视 图

1. 房屋建筑设计中的效果图,宜采用透视图。
2. 透视图中的可见轮廓线,宜用中实线绘制。不可见轮廓线不绘出,必要时,可用细虚线绘出所需部分。

第九章 常用房屋建筑室内装饰装修材料和设备图例

第一节 一般规定

房屋建筑室内装饰装修材料的图例画法应符合现行国家标准《房屋建筑制图统一标准》GB/T 50001 的规定，具体规定如下：

1. 《房屋建筑制图统一标准》GB/T 50001 只规定常用建筑材料的图例画法，对其尺度比例不作具体规定。使用时，应根据图样大小而定，并应符合下列规定：

（1）图例线应间隔均匀，疏密适度，做到图例正确，表示清楚；

（2）不同品种的同类材料使用同一图例时（如某些特定部位的石膏板必须注明是防水石膏板时），应在图上附加必要的说明；

（3）两个相同的图例相接时，图例线宜错开或使倾斜方向相反（图 9.1.1-1）；

 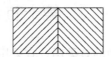

图 9.1.1-1 相同图例相接时的画法

（4）两个相邻的涂黑图例（如混凝土构件、金属件）间，应留有空隙。其净宽度不得小于 0.5mm（图 9.1.1-2）。

图 9.1.1-2 相邻涂黑图例的画法

2. 下列情况可不加图例，但应加文字说明：

（1）一张图纸内的图样只用一种图例时；

（2）图形较小无法画出建筑材料图例时。

3. 需画出的建筑材料图例面积过大时，可在断面轮廓线内，沿轮廓线作局部表示（图 9.1.3）。

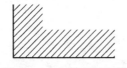

图 9.1.3 局部表示图例

第二节 常用房屋建筑室内装饰装修材料图例

1. 常用房屋建筑材料、装饰装修材料的剖面图例应按表9.2.1所示图例画法绘制。

表9.2.1 常用房屋建筑室内装饰装修材料剖面图例

序号	名称	图例（剖面）	备注	图例样式注解
1	夯实土壤	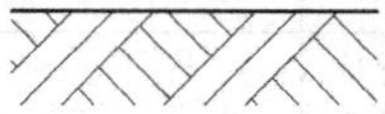		一种地面开挖后的土壤回填处理方式。图例同《房屋建筑制图统一标准》
2	砂砾石、碎砖三合土	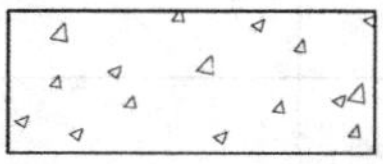		作为地基垫层用于土地开挖后的回填。图例同《房屋建筑制图统一标准》
3	石材	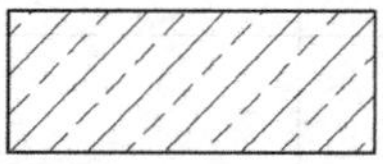	注明厚度	各种天然石材（大理石、花岗岩）、人造石材的断面表示方式。图例同《房屋建筑制图统一标准》
4	毛石	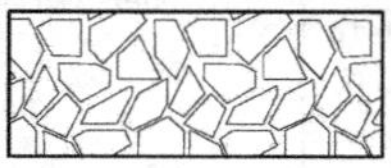	必要时注明石料块面大小及品种	用于砌筑基础、勒脚、墙身、堤坝、挡土墙等。图例同《房屋建筑制图统一标准》
5	普通砖	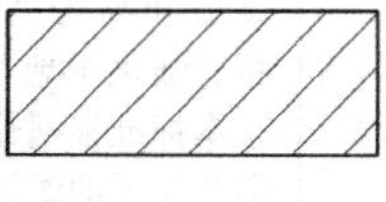	包括实心砖、多孔砖、砌块等砌体。断面较窄不易绘出图例线时，可涂黑，并在备注中加注说明，画出该材料图例	图例同《房屋建筑制图统一标准》
6	轻质砌块砖	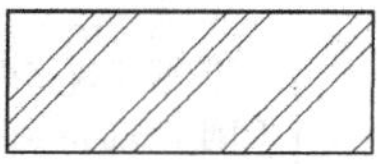	指非承重砖砌体	名称用"轻质砌块砖"有别于《房屋建筑制图统一标准》的"空心砖"，所指内容更广泛、更全面。图例同《房屋建筑制图统一标准》
7	轻钢龙骨板材隔墙	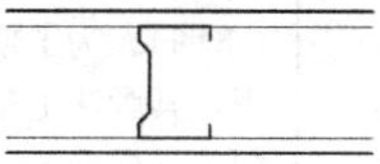	注明材料品种	轻钢龙骨板材隔墙常用的板材有石膏板、ALC板、GRC板等，是本标准根据建筑室内装饰装修制图需要新增的图例。其图例由前后两层板材与中部U型龙骨共同构成
8	饰面砖	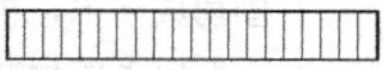	包括铺地砖、墙面砖、陶瓷锦砖等	用于地面、墙面等部位的瓷砖。图例同《房屋建筑制图统一标准》
9	混凝土	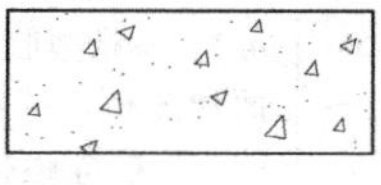	1. 指能承重的混凝土； 2. 各种强度等级、骨料、添加剂的混凝土； 3. 断面图形小，不易画出图例线时，可涂黑	图例同《房屋建筑制图统一标准》

续表

序号	名称	图例（剖面）	备注	图例样式注解
10	钢筋混凝土	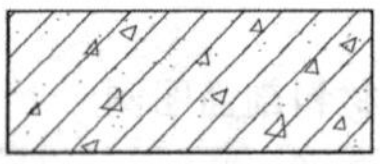	1. 指能承重的钢筋混凝土； 2. 各种强度等级、骨料、添加剂的混凝土； 3. 在剖面图上画出钢筋时，不画图例线； 4. 断面图形小，不易画出图例线时，可涂黑	图例同《房屋建筑制图统一标准》
11	多孔材料	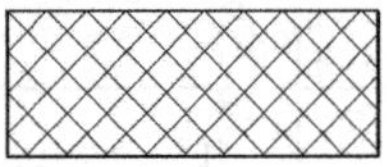	包括水泥珍珠岩、沥青珍珠岩、泡沫混凝土、非承重加气混凝土、软木、蛭石制品等	图例同《房屋建筑制图统一标准》
12	纤维材料	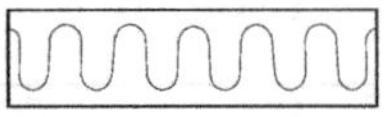	包括矿棉、岩棉、玻璃棉、麻丝、木丝板、纤维板等	图例同《房屋建筑制图统一标准》
13	泡沫塑料材料	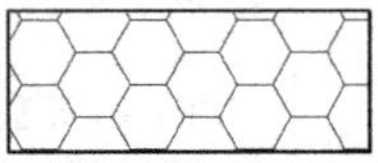	1. 包括聚苯乙烯、聚乙烯、聚氨酯等多孔聚合物类材料； 2. 若对于手工制图难以绘制蜂窝状图案时，可使用"多孔材料"图例并增加文字说明，或自行设定其他表示方法	图例同《房屋建筑制图统一标准》
14	密度板	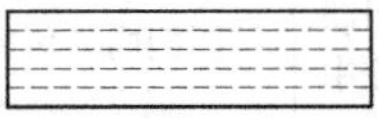	注明厚度	也称纤维板，分为低密度板、中密度板和高密度板，常用于家具、门板、强化木地板乃至隔墙等的制作，是本标准根据建筑室内装饰装修制图需要新增的图例。其图例由数道间隔相等的平行短虚线构成
15	木材	 垫木、木砖或木龙骨 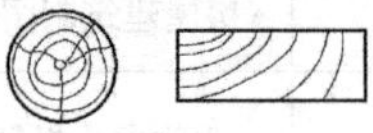 横断面  纵断面		根据建筑室内装饰装修中木材的不同使用部位和切割方法分成表示垫木、木砖和木龙骨的图例（上图）、表示木材横断面的圆木与旋切的图例（中图）、表示木材纵断面的剖切图例（下图）。为了使木材图例的表示更直观，其画法上略有别于《房屋建筑制图统一标准》
16	胶合板	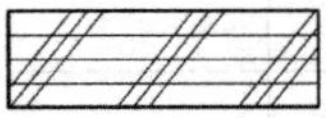 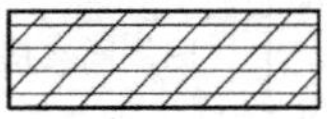	注明厚度或层数	是一种由木段旋切成单板或由木方刨切成薄木，再用胶粘剂胶合而成的三层以上的板状材料，多用于家具的制作和装饰基层处理。根据行业习惯，12mm厚以下的统称为胶合板，其图例有别于《房屋建筑制图统一标准》。本指南收录了目前国内常见的两种图例，一种由数道平行横向直线，穿插等距排列的三道45°斜线构成；另一种由数道平行横向直线，穿插等距排列的45°斜线构成

续表

序号	名称	图例（剖面）	备注	图例样式注解
17	多层板	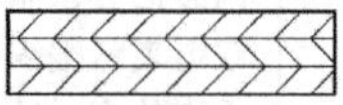	注明厚度或层数	是一种由木段旋切成单板或由木方刨切成薄木，再用胶粘剂胶合而成的三层以上的板状材料，多用于家具的制作和装饰基层处理。根据行业习惯，15mm厚以上的即统称为多层板。此图例是根据建筑室内装饰装修制图需要新增，由数道平行横向直线，穿插交错排列的45°短斜线构成
18	木工板	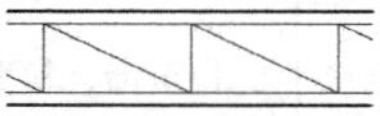	注明厚度	俗称细木工板、大芯板，其构造为两片单板中间粘压数道厚度相同的木条。此图例是根据建筑室内装饰装修制图需要特点新增，由表示前后两层板材的直线与表示中部木条的短线共同构成
19	石膏板	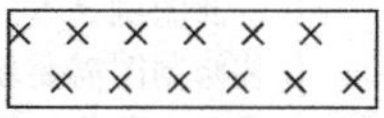	1. 注明厚度； 2. 注明石膏板品种名称	常见的石膏板有纸面石膏板、布面石膏板、防水石膏板、纤维石膏板、石膏吸声板等。图例同《房屋建筑制图统一标准》
20	金属	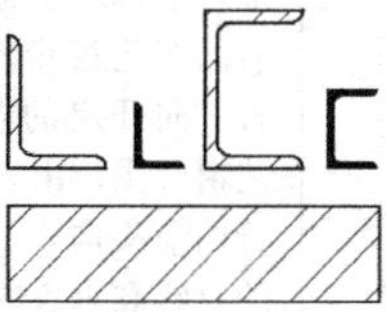	1. 包括各种金属，注明材料名称； 2. 图形小时，可涂黑	图例同《房屋建筑制图统一标准》
21	液体	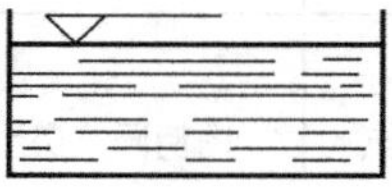	注明具体液体名称	图例略区别于《房屋建筑制图统一标准》，由数道平行的不等长直线构成液体形态，其样式更为直观
22	玻璃砖		注明厚度	玻璃砖是由透明或有色玻璃制成的空心块状玻璃制品。此图例是本标准根据建筑室内装饰装修制图需要新增，由角部突出的中空砖与虚线代表的承力钢筋共同构成
23	普通玻璃	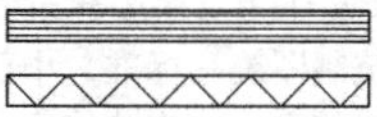	注明材质、厚度	本标准收录的玻璃的断面图例有两种，上面一种同《房屋建筑制图统一标准》，下面一种是目前国内常见的玻璃断面图例，其图例由三角锯齿状45°短斜线构成
24	橡胶	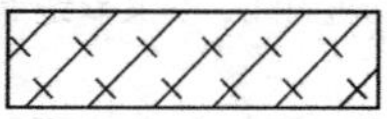		各种天然橡胶和合成橡胶的断面表示方式。图例同《房屋建筑制图统一标准》
25	塑料	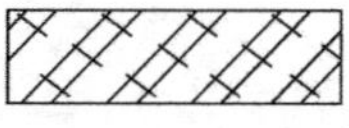	包括各种软、硬塑料及有机玻璃等	其图例同《房屋建筑制图统一标准》

续表

序号	名称	图例（剖面）	备注	图例样式注解
26	地毯	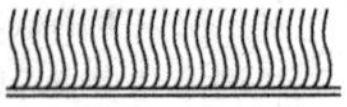	注明种类	包括各种天然纤维或化学合成纤维类地毯，此图例是本标准根据建筑室内装饰装修制图需要新增。其图例由双道表示编织层的横向直线和与之相垂直的表示绒线的数道波浪线构成
27	防水材料		注明材质、厚度	包括各种防水涂料和防水卷材。图例同《房屋建筑制图统一标准》
28	粉刷		本图例采用较稀的点	指粉饰、粉墙、刷墙。图例同《房屋建筑制图统一标准》
29	窗帘	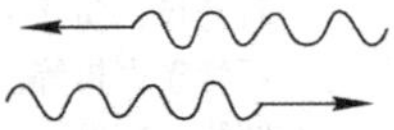 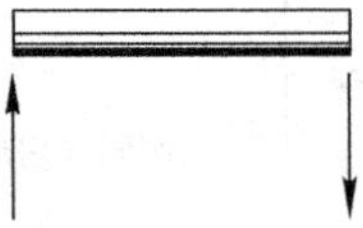 （立面）	箭头所示为开启方向	此图例是本标准根据建筑室内装饰装修制图需要新增。由于当今窗帘样式千变万化，很难用一种图例涵盖全部，故选取了有示意性的左右方向开启的布艺窗帘图例（上图），以及垂直方向开启的卷帘图例（下图）。布艺窗帘图例由表示布帘的波浪线和平行向箭头构成，卷帘图例由表示卷筒的直线和垂直向箭头构成
30	砂、灰土	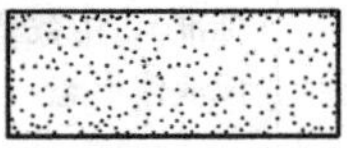	靠近轮廓线绘制较密的点	图例同《房屋建筑制图统一标准》
31	胶粘剂	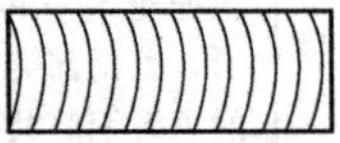		包括各种木制品胶粘剂、石材胶粘剂、墙面腻底胶粘剂、壁纸胶以及玻璃胶、防水密封胶等建筑装饰装修常用胶。其图例由数道表示胶粘剂纤维状态的弧线构成

补充说明：考虑到《房屋建筑室内装饰装修制图标准》（以下简称本标准）作为《房屋建筑制图统一标准》的配套系列，需本着实用性、普及性和通用性的原则收录图例，对于《房屋建筑制图统一标准》中已规定的与建筑室内装饰装修制图有关的图例，本标准原则上全部采纳、不做改动，仅对某些建筑室内装饰装修行业已约定俗成的图例画法进行适当调整。由于本标准的原则性较强，不宜收录一些个性特征明显的图例，但在《〈房屋建筑室内装饰装修制图标准〉实施指南》（以下简称本指南）中适当吸纳，作为对本标准的补充，供广大本标准使用者参考

注：序号1、3、5、6、10、11、16、17、20、24、25图例中的斜线、短斜线、交叉斜线等均为45°。

2. 常用房屋建筑材料、装饰装修材料的平、立图例可按表9.2.2所示图例画法绘制。

表 9.2.2 常用房屋建筑室内装饰装修材料平、立面图例

序号	名 称	图例（平/立面）	备 注	图例样式注解
1	混凝土	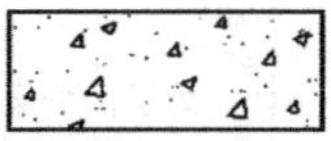		图例同该材料剖面
2	钢筋混凝土	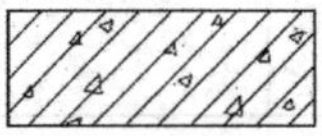		图例同该材料剖面
3	泡沫塑料材料	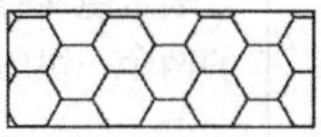		图例同该材料剖面
4	金 属	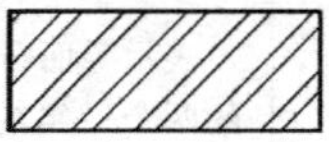		包括各种表面呈相的金属。图例同该材料剖面
5	不锈钢	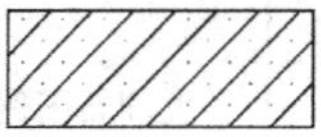		由于不锈钢属于建筑室内装饰装修设计最常用的材料之一，所以本指南对不锈钢的平/立面图例作了规定。其图例由数道间距相等的平行45°长斜线间隔规则的点构成
6	液 体	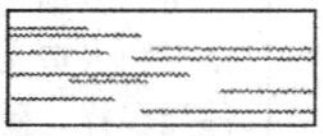	注明具体液体名称	由于液体多为透明状，其表示方法易与玻璃制品易混淆，故本标准规定了液体的平/立面图例。其图例为数道间距不等的平行锯齿状波浪线构成
7	普通玻璃	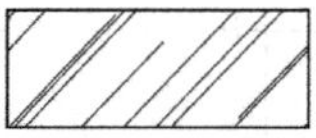	注明材质、厚度	由于玻璃属于建筑室内装饰装修设计最常用的材料之一，且其表面效果也多种多样，所以本标准对玻璃的平/立面图例作了规定。其中普通玻璃表面光滑、平整，其图例由数道间距不等的平行45°长斜线构成
8	磨砂玻璃	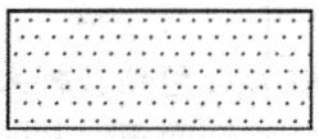	1. 注明材质、厚度； 2. 本图例采用较均匀的点	根据不同的玻璃品种和表面效果，本标准对其作了相应规定。其中磨砂玻璃表面呈粗糙的颗粒状，其图例由均匀排布的点构成
9	夹层（夹绢、夹纸）玻璃	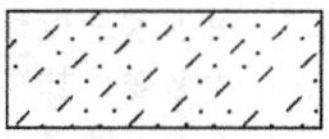	注明材质、厚度	根据不同的玻璃品种和表面效果，本标准对其作了相应规定。其中夹层玻璃为双层玻璃内夹装饰物，其图例由45°短斜线与点间隔排布构成

续表

序号	名称	图例（平/立面）	备注	图例样式注解
10	镜面	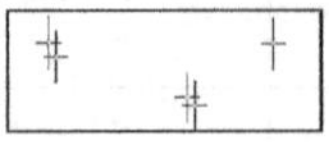	注明材质、厚度	为了区分金属镀膜玻璃与玻璃的图例，本标准收录了此图例。其图例由不规则分布的交叉状十字构成
11	镜面石材	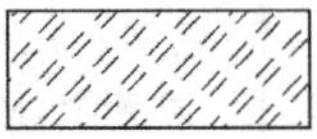		表示镜面石材。其图例由等距排列的两个一组的平行45°短斜线构成
12	毛面石材			表示毛面石材。其图例由等距排列的两个一组的平行45°短斜线，间布不均匀的点构成
13	大理石	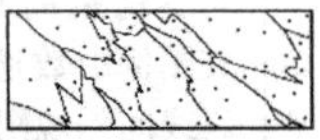		大理石图例由表示大理石纹理的闪电状线条，并间布不均匀的点构成
14	文化石立面	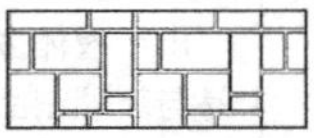 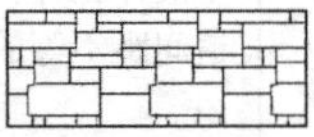 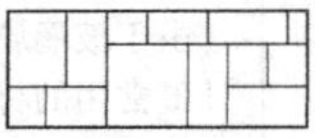		建筑装饰装修中的文化石有天然文化石和人造文化石两种。由于文化石种类多样，砌筑方式多变，其立面形态机理也各不相同，本指南根据建筑装饰装修制图的需要吸纳了文化石的三种图例，表示板岩、砂岩、石英石等天然文化石及其他人造文化石
15	砖墙立面	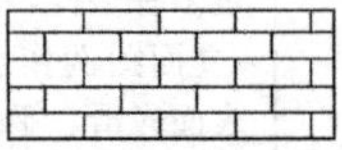 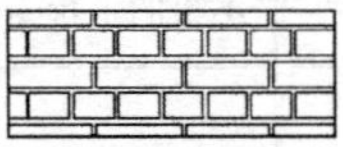		本指南吸纳了砖墙立面的两种图例，分别表示无缝砖墙和有缝砖墙
16	木饰面	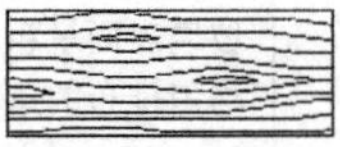		包括各种天然或人造板材制成的木饰面板。其图例由数道表示木材纹理的不规则弧线构成
17	木地板	 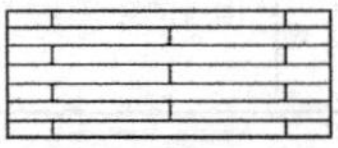		包括各种实木地板和复合木地板。由于木地板种类、规格多样，拼接方式多变，其平面样式也不尽相同，本指南吸纳了目前常用的木地板的两种图例，表示建筑装饰装修中常见的木地板

续表

序号	名称	图例（平/立面）	备注	图例样式注解
18	墙纸	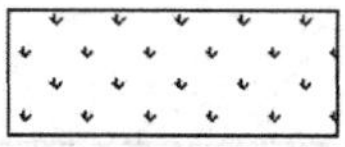		也称壁纸，包括各种纸面墙纸、胶面墙纸、纺织墙纸、金属类墙纸以及各种天然材质类墙纸等。其图例由表示墙纸机理图案的均匀排布的三叉状图案构成
19	软包/扪皮	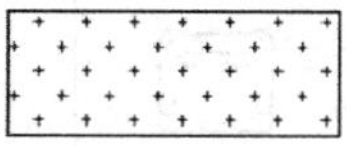		表示以各种纺织、皮革等柔性材料装饰室内界面的图例，包括面层、内衬及基层。其图例由表示软包面层机理的均匀排布的正十字构成
20	马赛克	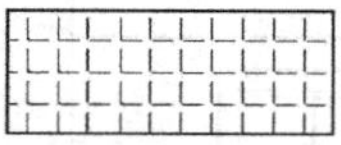		即锦砖，包括各类陶瓷及玻璃锦砖。其图例由表示马赛克块面的L形直线阵列构成
21	地毯	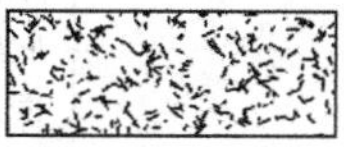		包括各种天然纤维或化学合成纤维类地毯。其图例由表示地毯表面机理的不规则短斜线交错构成

补充说明：由于涉及平/立面画法的建筑室内装饰装修常用的材料样式繁多、特征性强，故本标准未对大部分材料的平/立面图例进行规定，这样也与《房屋建筑制图统一标准》只规定材料剖面画法的体例相配套。但由于该部分图例应用面广泛，规范其画法对于图纸的可识别性和通用性起到较大的作用，故本指南适当吸纳该部分图例，作为对本标准的补充，供广大本标准使用者参考

注：序号2、4、5、7、9、11、12图例中的斜线、短斜线、交叉斜线等均为45°。

3. 鉴于房屋建筑室内装饰装修材料的蓬勃发展，品种日益增多，在编制图例时，不能罗列太多，只能分门别类，将常用的建筑装饰装修材料归纳为数十种基本类型，作为图例。

4. 当采用本标准图例中未包括的建筑装饰装修材料时，可自编图例，但不得与本标准所列的图例重复，且在绘制时，应在适当位置画出该材料图例，并应加以说明。下列情况，可不画建筑装饰装修材料图例，但应加文字说明：

（1）图纸内的图样只用一种图例时；
（2）图形较小无法画出建筑装饰装修材料图例时；
（3）图形较复杂，画出建筑装饰装修材料图例影响图纸理解时。

第三节 常用家具图例

常用家具图例可按表 9.3.1 所示图例画法绘制。

表 9.3.1 常用家具图例

序号	名称		图例	图例样式注解
			本标准中收录的图例　可参照使用的图例	
1	沙发	单人沙发		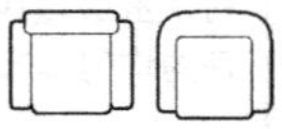 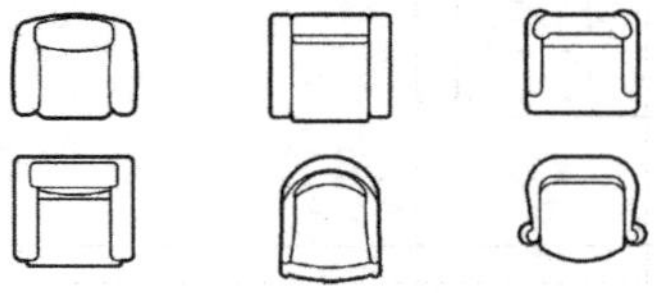 本标准规定了单人沙发、双人沙发和三人沙发的图例样式。并根据沙发不同的靠背与扶手样式，归纳出两种典型图例供制图者选择。本指南中吸纳了几种目前国内建筑装饰装修制图中常用的沙发图例，作为本标准的补充，供广大本标准使用者参考
		双人沙发	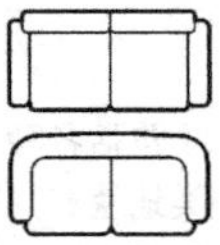	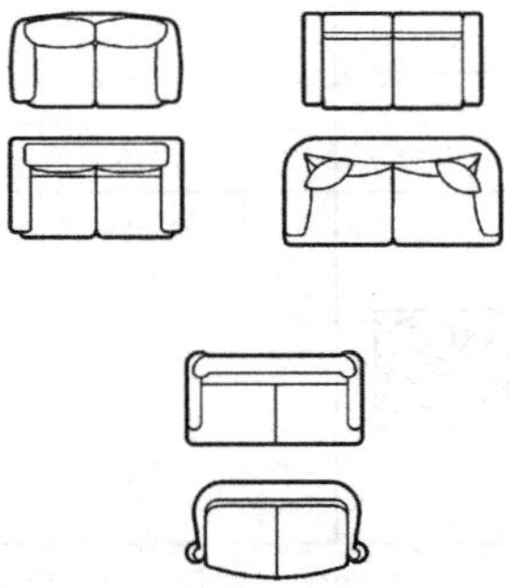
		三人沙发	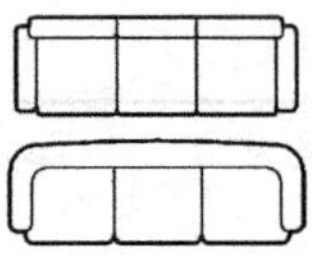	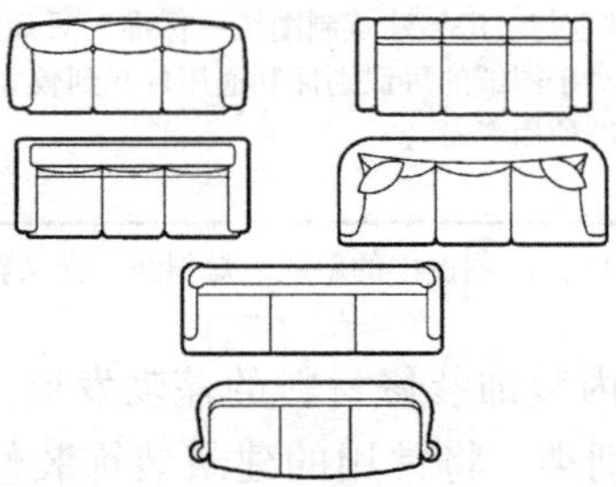
2	办公桌	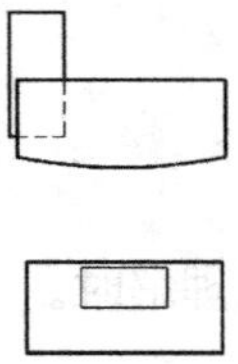	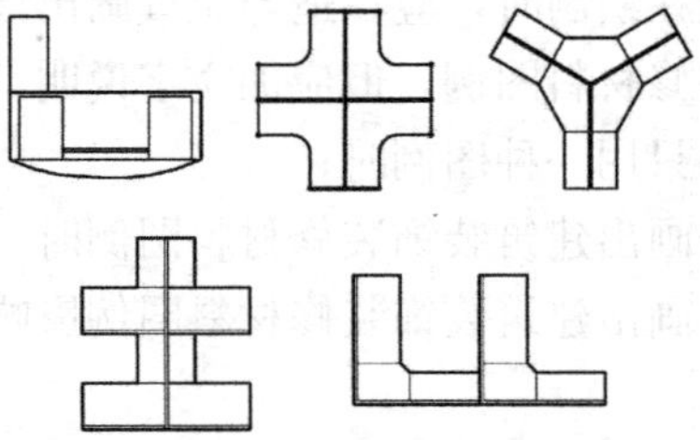	本标准规定了常见独立办公桌的图例。并根据办公桌与侧边柜体的关系，归纳出两种典型图例供制图者选择。此外，组合式办公桌因造型多样，本标准中未收录，但因为其应用量大，本指南中吸纳了几种目前国内建筑装饰装修制图中常用的组合办公桌的图例，供广大本标准使用者参考

续表

序号	名称	图例		图例样式注解
		本标准中收录的图例	可参照使用的图例	
3	椅	办公椅		本标准规定了办公椅、休闲椅与躺椅的图例。并根据办公椅、休闲椅不同靠背与扶手的样式，躺椅不同的构造方式，分类归纳出两种典型图例供制图者选择。本指南中增加了目前国内建筑装饰装修制图中常用的椅类家具的图例，作为本标准的补充，供广大本标准使用者参考
		休闲椅		
		躺椅	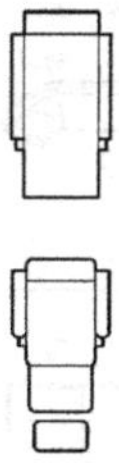	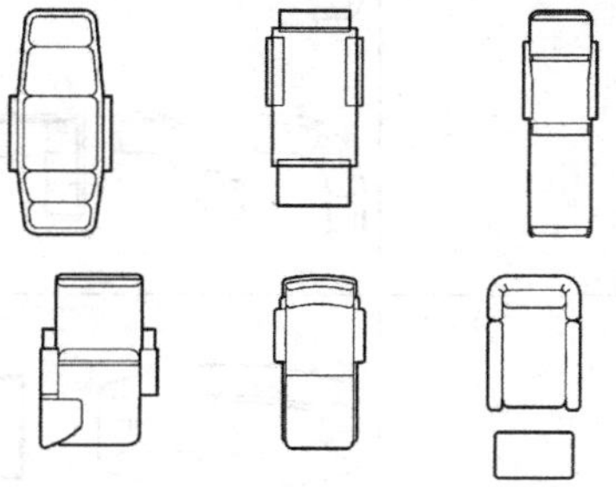
4	床	单人床		本标准规定了单人床与双人床图例，制图者可在这两种图例的基础上，根据成品床类家具的常见规格，自行规定其尺寸。此外，本指南中增加了几种目前国内建筑装饰装修制图中常用的图例，作为本标准的补充，供广大本标准使用者参考
		双人床	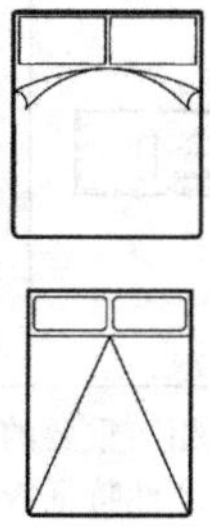	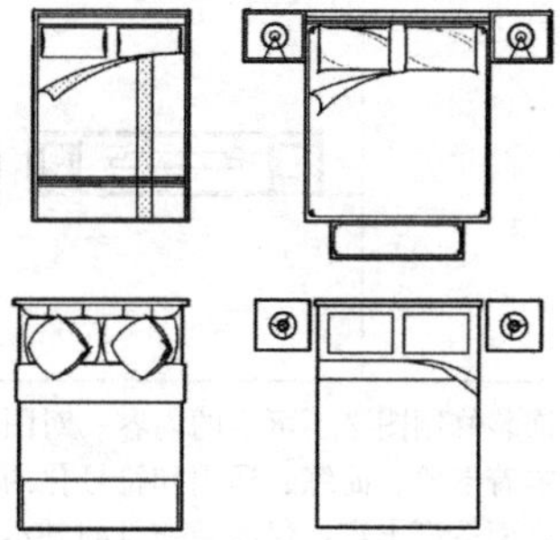

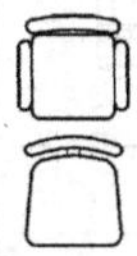

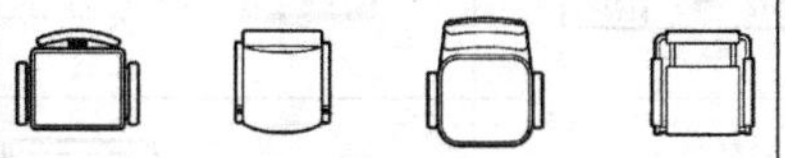

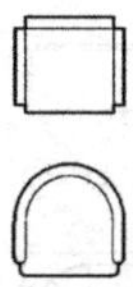

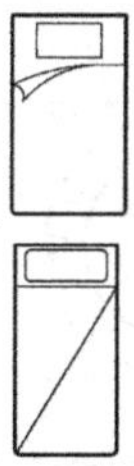

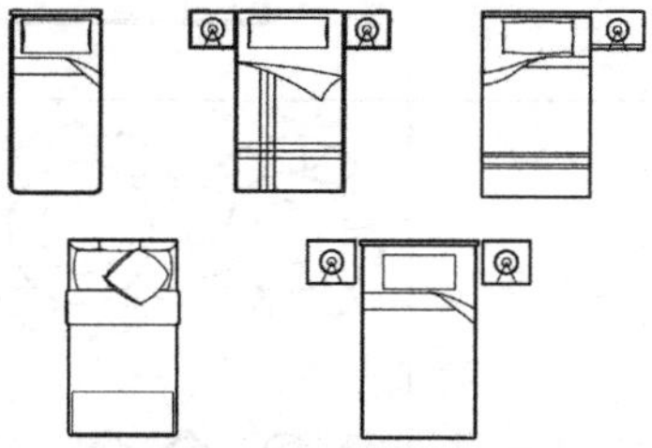

续表

序号	名称		图例		图例样式注解
			本标准中收录的图例	可参照使用的图例	
5	橱柜	衣柜		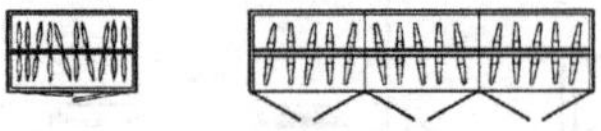	本标准规定了衣柜、低柜和高柜的图例，设计者可根据实际情况自行规定其尺寸
		低柜	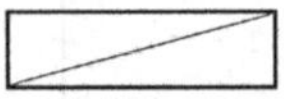	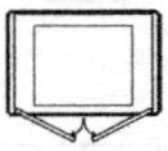	
		高柜	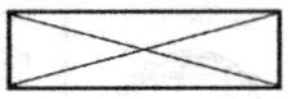	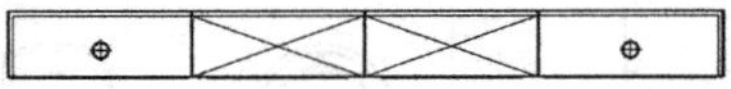	
6	异形沙发			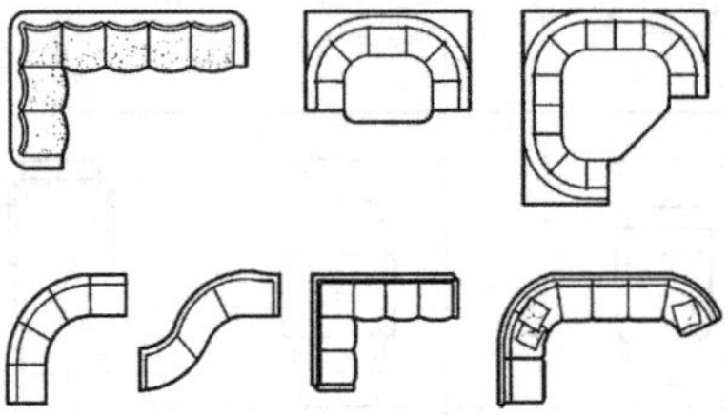	异形沙发是很多场所中较为常见的家具类型。本指南中适当吸纳了目前国内建筑装饰装修制图中常用的几种L形、U形、波浪形沙发的图例，作为对本标准的补充，供广大本标准使用者参考
7	会议桌			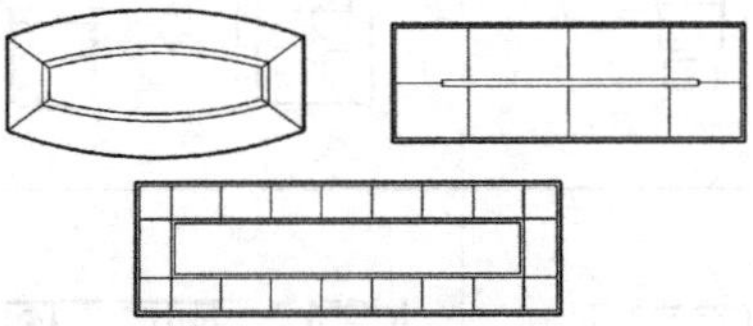	办公空间中会议桌的形式多种多样，本指南吸纳了常见的椭圆形、长方形和回字形会议桌的图例，作为对本标准的补充，供广大本标准使用者参考
8	餐桌椅				餐桌椅是餐饮空间中常见的家具类型。本指南中吸纳了目前国内建筑装饰装修制图中常用的四人、六人、十人、十二人、十四方桌和圆桌的图例，作为对本标准的补充，供广大本标准使用者参考
9	电视柜				电视柜是住宅、酒店客房空间中常见的家具。本指南中吸纳了目前国内建筑装饰装修制图中常用的独立电视柜的图例，作为对本标准的补充，供广大本标准使用者参考

补充说明：家具作为建筑室内装饰装修制图必不可少的内容，对图面表达起到相当重要的作用。为了统一装饰装修部分的制图，本标准中图例选用本着形象、简练、通用和符号化的原则，摒弃个性特征较强的图案与造型，编制了常用家具的图例。但由于家具的立面造型丰富，仅收录家具的基本平面图例，立面图例由设计自定。此外，由于异形沙发、会议桌、餐桌椅、吧台和电视柜个性特征较强，所以本标准未编制该部分图例，仅在本指南中吸纳，作为对本标准的补充，供广大本标准使用者参考

第四节 常用电器图例

常用电器图例应按表 9.4.1 所示图例画法绘制。

表 9.4.1 常用电器图例

序号	名称	图例 本标准中收录的图例	图例 可参照使用的图例	图例样式注解
1	电视	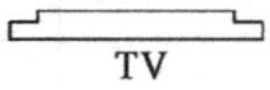 TV	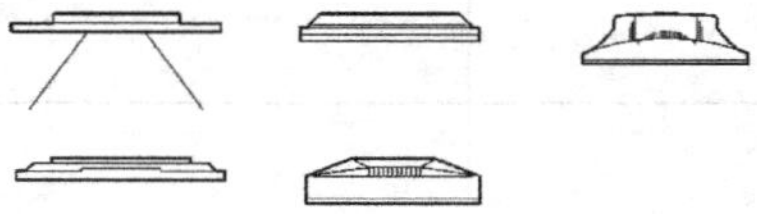 (参照图例)	本标准中电视机的图例以现今市场最为常见的液晶、等离子和 LED 电视为原型，辅以 television 的缩写 TV，构成表意清晰的电视机图例。本指南中增加了几种目前国内建筑装饰装修制图常用的电视机图例，作为本标准的补充，供广大本标准使用者参考
2	冰箱	 REF	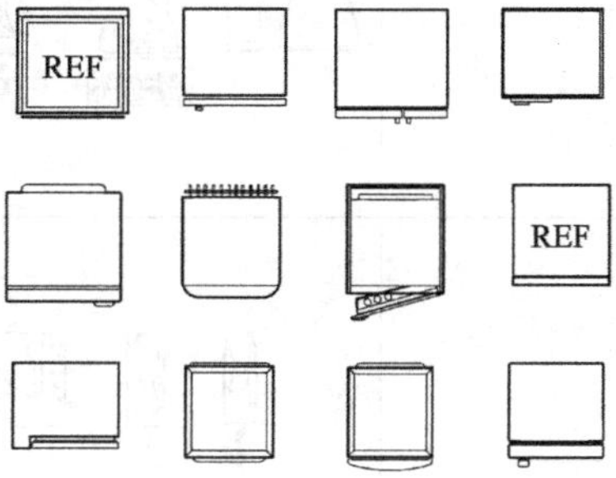 (参照图例)	本标准中冰箱的图例以现今市场最为常见的单/双/三开门冰箱为原型，辅以 refrigerator 的缩写 REF，构成表意清晰的冰箱图例。本指南中增加了几种目前国内建筑装饰装修制图常用的冰箱图例，作为本标准的补充，供广大本标准使用者参考
3	空调	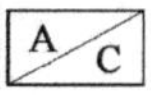 A/C		本标准中空调的图例以现今市场最为常见的立柜式空调为原型，辅以 air condition 的缩写 AC，表意清晰
4	洗衣机	 W/M	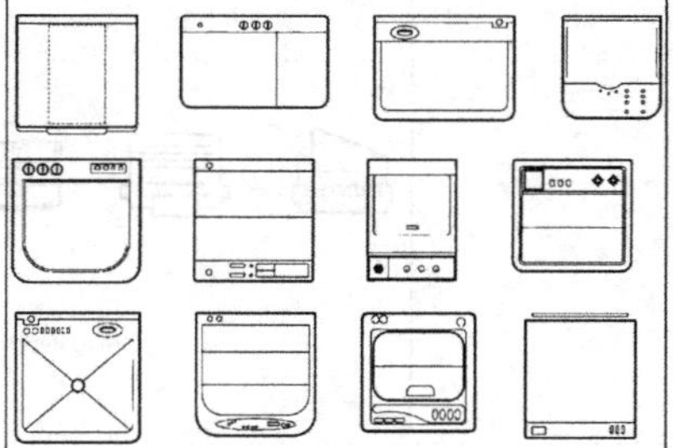 (参照图例)	本标准中洗衣机的图例是以现今市场最为常见的波轮式、滚筒式、双桶式冰箱为原型，辅以 washing machine 的缩写 WM，构成表意清晰的洗衣机图例。本指南中增加了目前国内建筑装饰装修制图中常用的几种洗衣机图例，供广大本标准使用者参考

续表

序号	名称	图例		图例样式注解
		本标准中收录的图例	可参照使用的图例	
5	饮水机	 WD	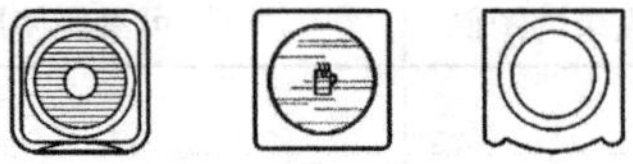	本标准中饮水机的图例以现今市场最为常见的立式饮水机为原型，辅以water dispenser的缩写WD，构成表意清晰的饮水机图例。本指南中增加了几种目前国内建筑装饰装修制图常用的饮水机图例，作为本标准的补充，供广大本标准使用者参考
6	电脑	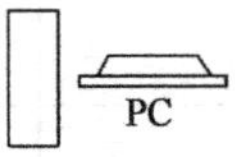 PC	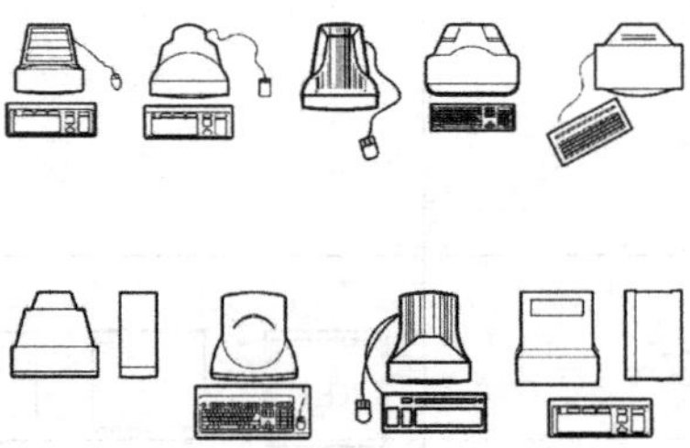	本标准中电脑的图例是以现今市场最为常见的台式电脑为原型，辅以personal computer的缩写PC，构成表意清晰的电脑图例。本指南中增加了几种目前国内建筑装饰装修制图常用的电脑图例，作为本标准的补充，供广大本标准使用者参考
7	电话	 TEL	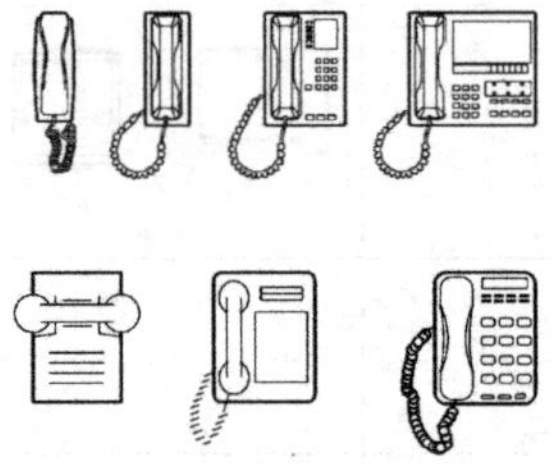	本标准中电话机的图例是以现今市场最为常见的座式电话机为原型，辅以telephone的缩写TEL，构成表意清晰的电话机图例。本指南中增加了几种目前国内建筑装饰装修制图常用的电话机图例，作为本标准的补充，供广大本标准使用者参考
8	打印机		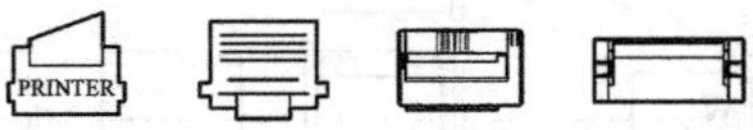 PRINTER	由于打印机作为现代办公的必需品常出现于室内装饰装修制图中，本指南中增加了几种形式感、造型感更强的打印机图例，作为本标准的补充，供广大本标准使用者参考

续表

序号	名称	图例		图例样式注解
		本标准中收录的图例	可参照使用的图例	
9	复印机		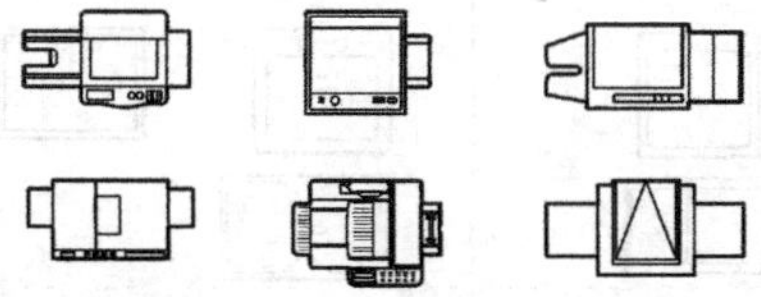	本指南中增加了几种目前国内建筑装饰装修制图常用的复印机图例，作为本标准的补充，供广大本标准使用者参考
10	绘图仪		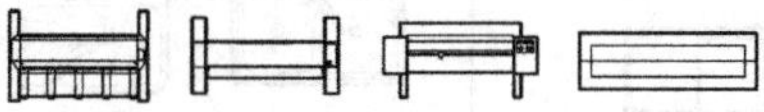	本指南中增加了几种目前国内建筑装饰装修制图常用的绘图仪图例，作为本标准的补充，供广大本标准使用者参考

补充说明：电器作为建筑室内装饰装修制图必不可少的内容，对图面表达起到相当重要的作用。为了统一装饰装修部分的制图，本标准本着形象、简练、通用和符号化的原则，摒弃了个性特征较强的图案与造型，编制了常用电器的图例。但由于电器的立面造型丰富，仅收录电器的基本平面图例，立面图例由设计自定。此外，由于打印机、复印机、绘图仪个性特征较强，且不属于各种空间类型都通用的电器，所以本标准未编制该部分图例，仅在本指南中吸纳，作为对本标准的补充，供广大本标准使用者参考

第五节 常用厨具图例

常用厨具图例应按表9.5.1所示图例画法绘制。

表 9.5.1 常用厨具图例

序号	名称	图例		图例样式注解
		本标准中收录的图例	可参照使用的图例	
1	单头灶		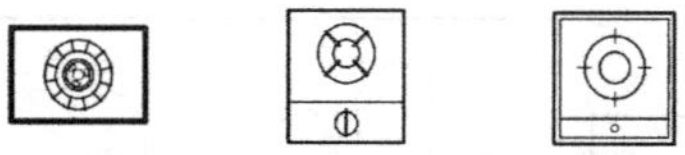	本标准规定了单头、双头、三头、四头、六头等五种灶具的基本图例。本指南中又增加了几种目前国内建筑装饰装修制图常用的灶具图例，作为本标准的补充，供广大本标准使用者参考
2	双头灶	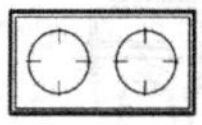	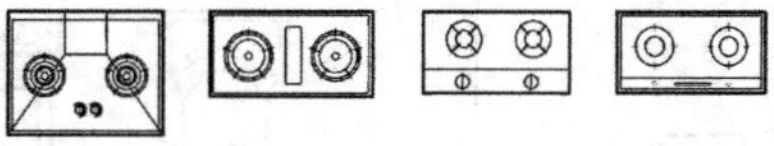	
3	三头灶	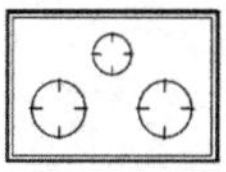	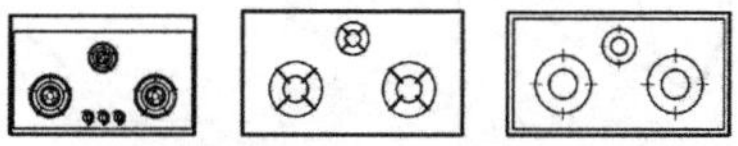	
4	四头灶	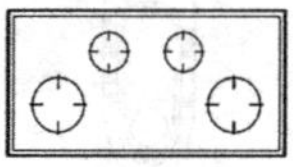	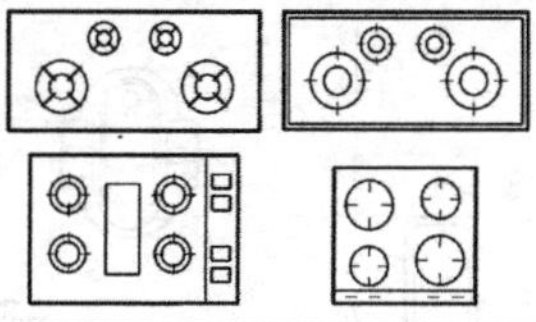	
5	六头灶	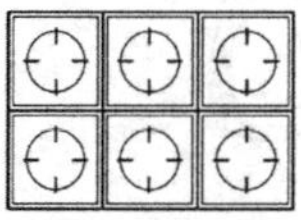		

续表

序号	名称	图例		图例样式注解
		本标准中收录的图例	可参照使用的图例	
6	单盆水槽	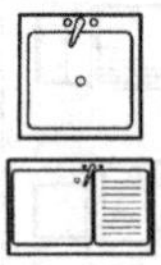	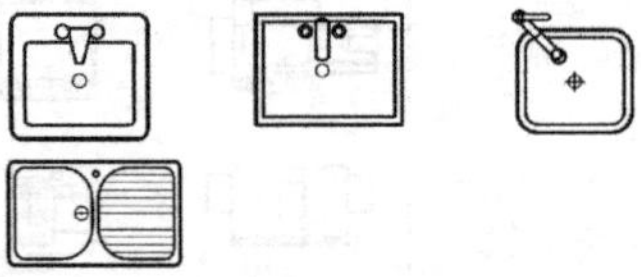	本标准规定了单盆、双盆两种水槽的基本图例，本指南中又增加了几种目前国内建筑装饰装修制图常用的水槽图例，作为本标准的补充，供广大本标准使用者参考
7	双盆水槽	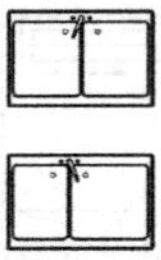	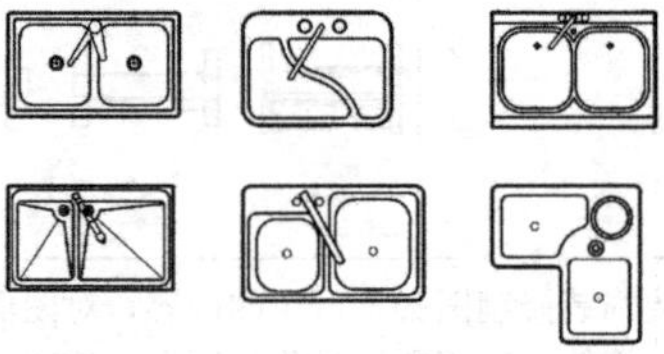	

补充说明：厨具作为建筑室内装饰装修制图必不可少的内容，对图面表达起到相当重要的作用。为了统一装饰装修部分的制图，本标准本着形象、简练、通用和符号化的原则，摒弃了个性特征较强的图案与造型，编制了常用厨具的图例

第六节 常用洁具图例

常用洁具图例宜按表 9.6.1 所示图例画法绘制。

表 9.6.1 常用洁具图例

序号	名称		图例		图例样式注解
			本标准中收录的图例	可参照使用的图例	
1	大便器	坐式	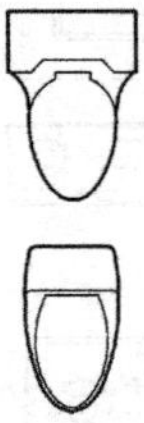		本标准规定了坐式大便器和蹲式大便器的基本图例，本指南中又增加了几种目前国内建筑装饰装修制图常用的大便器图例，作为本标准的补充，供广大本标准使用者参考
		蹲式	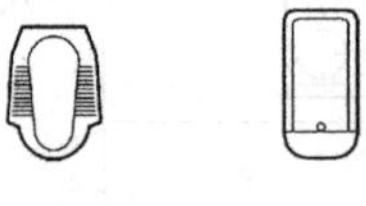	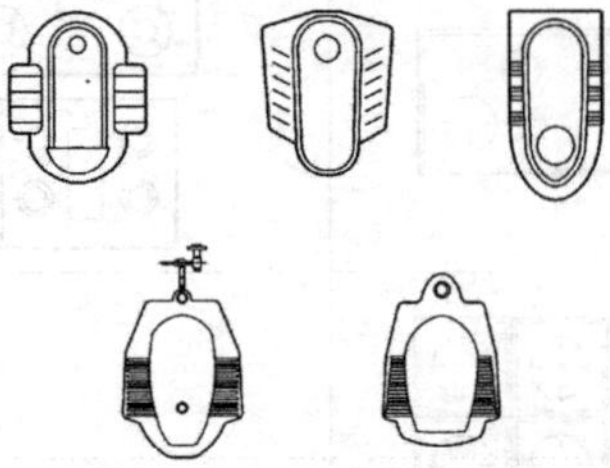	

续表

序号	名称		图例	图例样式注解
		本标准中收录的图例	可参照使用的图例	
2	小便器	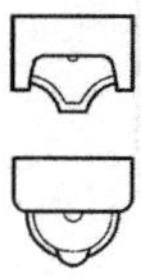	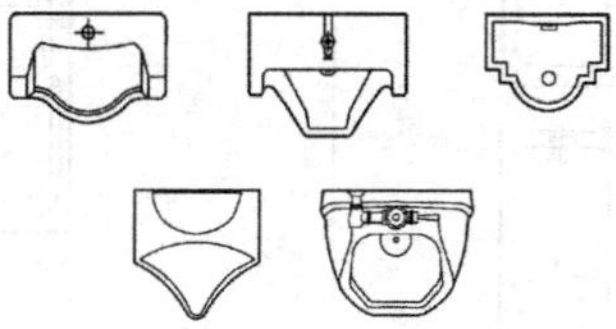	本标准规定了小便器的基本图例，本指南又中增加了几种目前国内建筑装饰装修制图常用的小便器图例，作为本标准的补充，供广大本标准使用者参考
3	台盆	立式		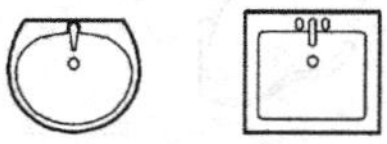 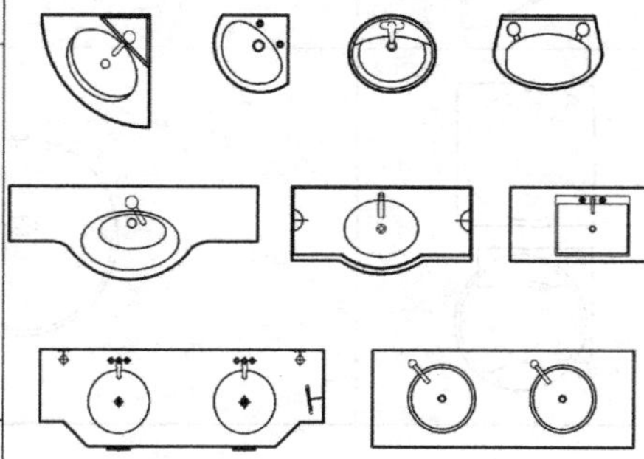 本标准规定了立式、台式、壁挂式台盆的基本图例，本指南中又增加了几种目前国内建筑装饰装修制图常用的台盆图例，作为本标准的补充，供广大本标准使用者参考
		台式 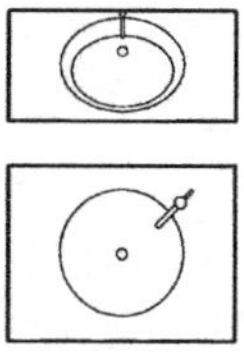		
		挂式 		
4	拖把池			本标准规定了拖把池的基本图例，本指南中又增加了两种目前国内建筑装饰装修制图常用的拖把池图例，作为本标准的补充，供广大本标准使用者参考

续表

序号	名称		图例		图例样式注解
			本标准中收录的图例	可参照使用的图例	
5	浴缸	长方形	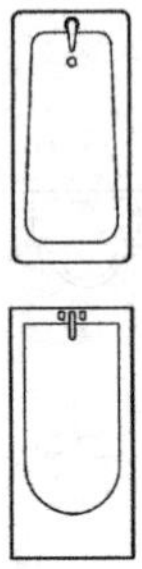	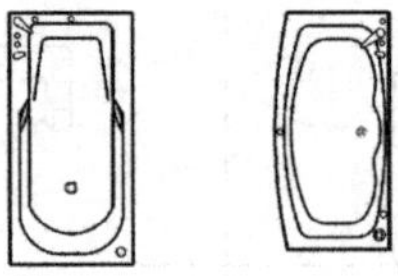	本标准规定了长方形、三角形、圆形浴缸的基本图例，本指南中又增加了几种目前国内建筑装饰装修制图常用的浴缸图例，作为本标准的补充，供广大本标准使用者参考
		三角形	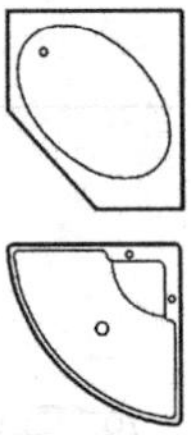	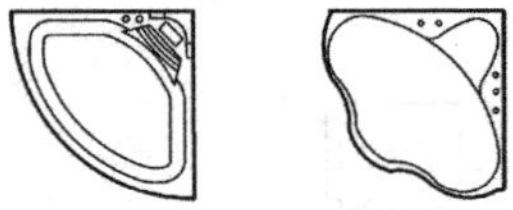	
		圆形	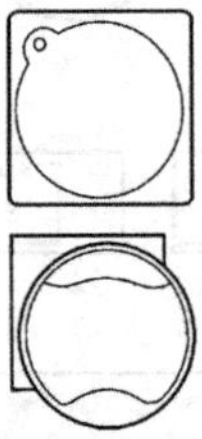	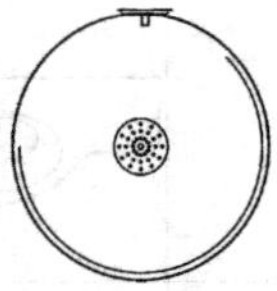	
6	淋浴房		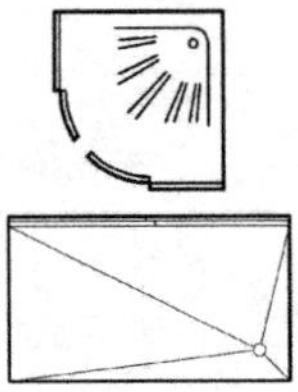	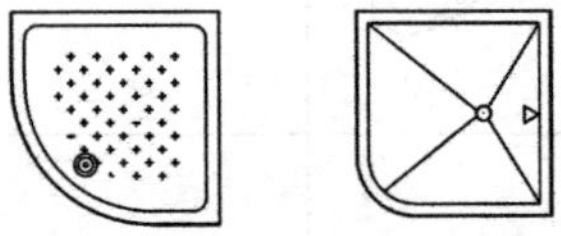	本标准规定了淋浴房的基本图例，本指南中又增加了几种目前国内建筑装饰装修制图常用的淋浴房图例，作为本标准的补充，供广大本标准使用者参考

补充说明：洁具作为建筑室内装饰装修制图必不可少的内容，对图面表达起到相当重要的作用。为了统一装饰装修部分的制图，本标准本着形象、简练、通用和符号化的原则，摒弃个性特征较强的图案与造型，编制了常用洁具的图例。但由于洁具的立面造型丰富，仅收录洁具的基本平面图图例，立面图例由设计自定

第七节 室内常用景观配饰图例

室内常用景观配饰图例宜按表9.7.1所示图例画法绘制。

表9.7.1 室内常用景观配饰图例

序号	名称		本标准中收录的图例	备注
1	阔叶植物		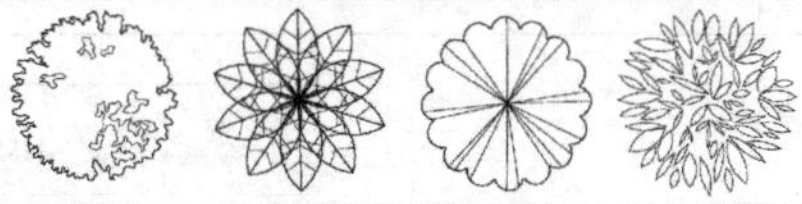	
2	针叶植物		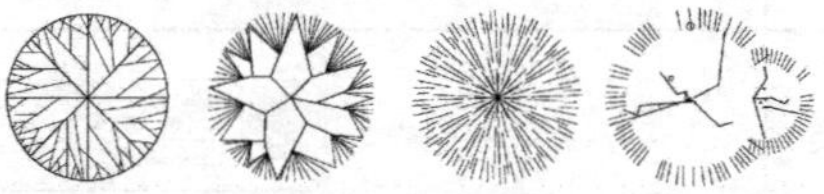	
3	落叶植物		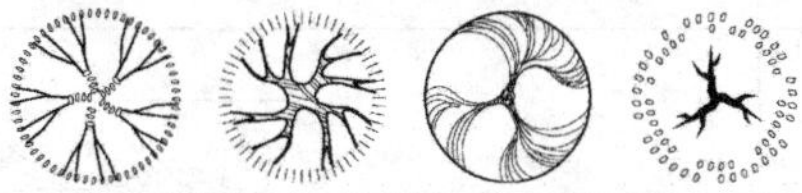	
4	盆景类	树桩类		1. 立面样式根据设计自定； 2. 其他景观配饰图例根据设计自定
		观花类		
		观叶类		
		山水类		
5	插花类		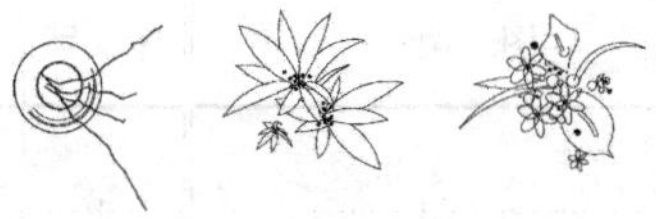	
6	吊挂类			
7	棕榈植物			
8	水生植物			

续表

序号	名 称		本标准中收录的图例	备 注
9	假山石			1. 立面样式根据设计自定；2. 其他景观配饰图例根据设计自定
10	草坪		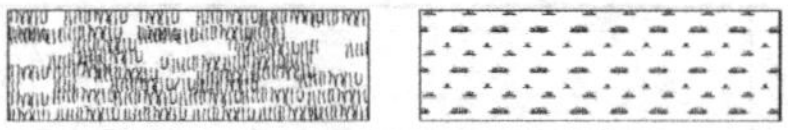	
11	铺地	卵石类	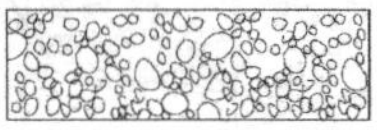	
		条石类	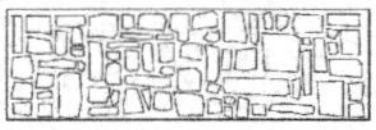	
		碎石类	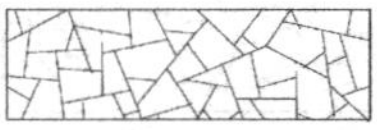	

补充说明：景观配饰作为建筑室内装饰装修制图必不可少的内容，对图面效果起到相当重要的作用。为了统一装饰装修部分的制图，本标准本着形象、简练、通用和符号化的原则，摈弃个性特征较强的图案与造型，编制了常用景观配饰的图例。但由于景观配饰的立面造型丰富，仅收录基本平面图例，立面图例由设计自定

第八节 常用灯光照明图例

常用灯光照明图例应按表 9.8.1 所示图例画法绘制。

表 9.8.1 常用灯光照明图例

序号	名 称	图 例	序号	名 称	图 例
1	艺术吊灯	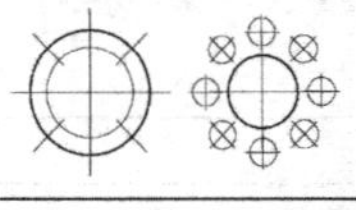	4	射 灯	
2	吸顶灯	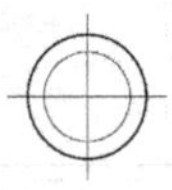	5	轨道射灯	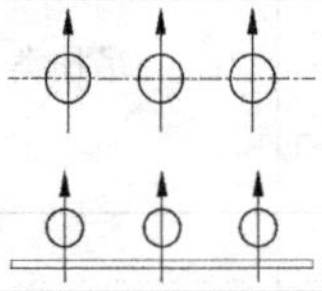
3	筒 灯		6	格栅射灯	 （单头）（双头）（三头） 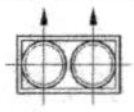 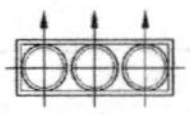

68

续表

序号	名称	图例	序号	名称	图例
7	格栅荧光灯	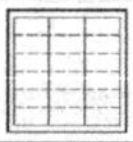 (正方形) 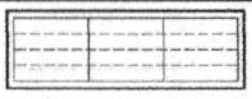 / (长方形)	13	踏步灯	
8	暗藏灯带	----------	14	荧光灯	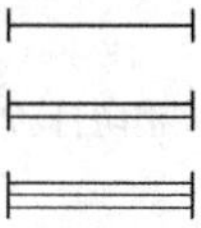
9	壁灯		15	投光灯	
10	台灯		16	泛光灯	
11	落地灯		17	聚光灯	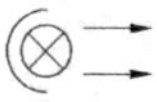
12	水下灯				

第九节 常用设备图例

常用设备图例应按表9.9.1所示图例画法绘制。

表9.9.1 常用设备图例

序号	名称	图例	序号	名称	图例
1	送风口	 (条形)  / (方形)	4	排风扇	
2	回风口	 (条形)  / (方形)	5	风机盘管	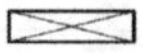 (立式明装) 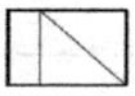 / (卧式明装)
3	侧送风、侧回风	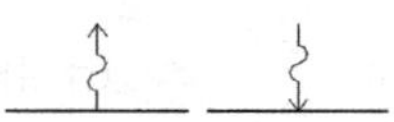	6	安全出口	EXIT

续表

序号	名称	图例	序号	名称	图例
7	防火卷帘	 —(F)—	10	感烟探测器	S
8	消防自动喷淋	 ⊙	11	室内消火栓	 (单口)  / (双口)
9	感温探测器		12	扬声器	

第十节 常用开关、插座图例

常用开关、插座图例应按表9.10.1、表9.10.2所示图例画法绘制。

表9.10.1 开关、插座立面图例

序号	名称	图例	序号	名称	图例
1	单相二极电源插座	Φ	9	单联开关	
2	单相三极电源插座	Y	10	双联开关	
3	单相二、三极电源插座	Φ/Y	11	三联开关	
4	电话、信息插座	(单孔) / (双孔)	12	四联开关	
5	电视插座	 (单孔)  / (双孔)	13	锁匙开关	
6	地插座	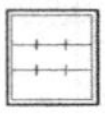	14	请勿打扰开关	DTD
7	连接盒、接线盒	⊙	15	可调节开关	
8	音响出线盒	 M	16	紧急呼叫按钮	O

表 9.10.2 开关、插座平面图例

序号	名称	图例	序号	名称	图例
1	（电源）插座		12	网络插座	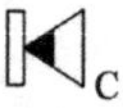
2	三个插座		13	有线电视插座	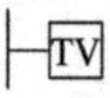
3	带保护极的（电源）插座	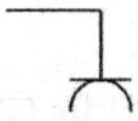	14	单联单控开关	
4	单相二、三极电源插座	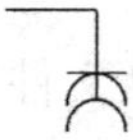	15	双联单控开关	
5	带单极开关的（电源）插座		16	三联单控开关	
6	带保护极的单极开关的（电源）插座		17	单极限时开关	
7	信息插座	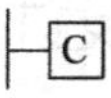	18	双极开关	
8	电接线箱	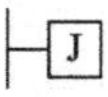	19	多位单极开关	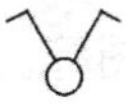
9	公用电话插座		20	双控单极开关	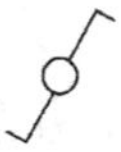
10	直线电话插座		21	按钮	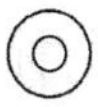
11	传真机插座		22	配电箱	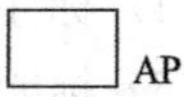

第十章 图纸深度

第一节 一般规定

1. 房屋建筑室内装饰装修设计的制图深度应根据房屋建筑室内装饰装修设计文件的阶段性要求确定。

2. 房屋建筑室内装饰装修设计中图纸的阶段性文件应包括方案设计图、扩初设计图、施工设计图、变更设计图、竣工图。

3. 房屋建筑室内装饰装修设计图纸的绘制应符合本标准第1章～第4章的规定,图纸深度应满足各阶段的深度要求。

★ 房屋建筑室内装饰装修设计的图纸深度与设计文件深度有所区别,不包括对设计说明、施工说明和材料样品表示内容的规定。

第二节 方案设计图

1. 方案设计应包括设计说明、平面图、顶棚平面图、主要立面图、必要的分析图、效果图等。

★ 本条规定了在方案设计中应有设计说明的内容,但对设计说明的具体内容不作规定。

2. 方案设计的平面图绘制除应符本指南第八章第三节的规定外,还宜符合下列规定:

1) 标明房屋建筑室内装饰装修设计的区域位置及范围;
2) 标明房屋建筑室内装饰装修设计中对原建筑改造的内容;
3) 标注轴线编号,并应使轴线编号与原建筑图相符;
4) 标注总尺寸及主要空间的定位尺寸;
5) 标明房屋建筑室内装饰装修设计后的所有室内外墙体、门窗、管道井、电梯和自动扶梯、楼梯、平台和阳台等位置;
6) 标明主要使用房间的名称和主要部位的尺寸,标明楼梯的上下方向;
7) 标明主要部位固定和可移动的装饰造型、隔断、构件、家具、陈设、厨卫设施、灯具以及其他配置、配饰的名称和位置;
8) 标明主要装饰装修材料和部品部件的名称;
9) 标注房屋建筑室内地面的装饰装修设计标高;
10) 标注指北针、图纸名称、制图比例以及必要的索引符号、编号;
11) 根据需要绘制主要房间的放大平面图;
12) 根据需要绘制反映方案特性的分析图,宜包括:功能分区、空间组合、交通分析、消防分析、分期建设等图示。

3. 顶棚平面图的绘制除应符合本指南第八章第四节的规定外，还应符合下列规定：

1）标注轴线编号，并使轴线编号与原建筑图相符；

2）标注总尺寸及主要空间的定位尺寸；

3）标明房屋建筑室内装饰装修设计调整过后的所有室内外墙体、管道井、天窗等的位置；

4）标明装饰造型、灯具、防火卷帘以及主要设施、设备、主要饰品的位置；

5）标明顶棚的主要装饰装修材料及饰品的名称；

6）标注顶棚主要装饰装修造型位置的设计标高；

7）标注图纸名称、制图比例以及必要的索引符号、编号。

4. 方案设计的立面图绘制除应符合本指南第八章第五节的规定外，还应根据需要符合下列规定：

1）标注立面范围内的轴线和轴线编号，标注立面两端轴线之间的尺寸；

2）绘制有代表性的立面，标明房屋建筑室内装饰装修完成面的底界面线和装饰装修完成面的顶界面线，标注房屋建筑室内主要部位装饰装修完成面的净高，并根据需要标注楼层的层高；

3）绘制墙面和柱面的装饰装修造型、固定隔断、固定家具、门窗、栏杆、台阶等立面形状和位置，标注主要部位的定位尺寸；

4）标注主要装饰装修材料和部品部件的名称；

5）标注图纸名称、制图比例以及必要的索引符号、编号。

5. 方案设计的剖面图绘制除应符合本指南第八章第六节的规定外，还应符合下列规定：

1）一般情况方案设计不绘制剖面图，但在空间关系比较复杂、高度和层数不同的部位可绘制剖面；

2）标明房屋建筑室内空间中高度方向的尺寸和主要部位的设计标高及总高度；

3）若遇有高度控制时，还应标明最高点的标高；

4）标注图纸名称、制图比例以及必要的索引符号、编号。

6. 方案设计的效果图应反映方案设计的房屋建筑室内主要空间的装饰装修形态，并应符合下列要求：

1）做到材料、色彩、质地真实，尺寸、比例准确；

2）体现设计的意图及风格特征；

3）图面美观、有艺术性。

★ 方案设计的效果图的表现部位应根据业主委托和设计要求确定。

第三节　扩初设计图

1. 规模较大的房屋建筑室内装饰装修工程，根据委托的要求可绘制扩大初步设计图。

2. 扩大初步设计图的深度应满足以下要求：

1）对设计方案进一步深化；

2) 作为深化施工图的依据;

3) 作为工程概算的依据;

4) 作为主要材料和设备的订货依据。

3. 扩大初步设计应包括设计说明、平面图、顶棚平面图、主要立面图、主要剖面图等。

★ 本条规定了在扩初设计中应有设计说明的内容,但对设计说明的具体内容不作规定。

4. 平面图绘制除应符合本指南第八章第三节的规定外,还应符合下列规定:

1) 标明房屋建筑室内装饰装修设计的区域位置及范围;

2) 标明房屋建筑室内装饰装修中对原建筑改造的内容及定位尺寸;

3) 标明建筑图中柱网、承重墙以及需要装饰装修设计的非承重墙、建筑设施、设备的位置和尺寸;

4) 标明轴线编号,并使轴线编号与原建筑图相符;

5) 标明轴线间尺寸及总尺寸;

6) 标明房屋建筑室内装饰装修设计后的所有室内外墙体、门窗、管道井、电梯和自动扶梯、楼梯、平台、阳台、台阶、坡道等位置和使用的主要材料;

7) 标明房间的名称和主要部位的尺寸,标明楼梯的上下方向;

8) 标明固定的和可移动的装饰装修造型、隔断、构件、家具、陈设、厨卫设施、灯具以及其他配置、配饰的名称和位置;

9) 标明定制部品部件的内容及所在位置;

10) 标明门窗、橱柜或其他构件的开启方向和方式;

11) 标注主要装饰装修材料和部品部件的名称;

12) 表示建筑平面或空间的防火分区和防火分区分隔位置,以及安全出口位置示意并单独成图(如为一个防火分区,可不注防火分区面积);

13) 标注房屋建筑室内地面设计标高;

14) 标注索引符号、编号、指北针、图纸名称和制图比例。

5. 顶棚平面图的绘制除应符合本指南第八章第四节的规定外,还应符合下列规定:

1) 标明建筑图中柱网、承重墙以及房屋建筑室内装饰装修设计需要的非承重墙;

2) 标注轴线编号,并使轴线编号与原建筑图相符;

3) 标注轴线间尺寸及总尺寸;

4) 标明房屋建筑室内装饰装修设计调整过后的所有室内外墙体、管井、天窗等的位置,注明必要部位的名称,并标注主要尺寸;

5) 标明装饰造型、灯具、防火卷帘以及主要设施、设备、主要饰品的位置;

6) 标明顶棚的主要饰品的名称;

7) 标注顶棚主要部位的设计标高;

8) 标注索引符号、编号、指北针、图纸名称和制图比例。

6. 立面图绘制除应符合本指南第八章第五节的规定外,还应符合下列规定:

1) 绘制需要设计的主要立面;

2) 标注立面两端的轴线、轴线编号和尺寸;

3）标注房屋建筑室内装饰装修完成面的地面至顶棚的净高；

4）绘制房屋建筑室内墙面和柱面的装饰装修造型、固定隔断、固定家具、门窗、栏杆、台阶、坡道等立面形状和位置，标注主要部位的定位尺寸；

5）标明立面主要装饰装修材料和部品部件的名称；

6）标注索引符号、编号、图纸名称和制图比例。

7．剖面应剖在空间关系复杂、高度和层数不同的部位和重点设计的部位。剖面图应准确、清楚地表示出剖到或看到的各相关部位内容，其绘制除应符合本指南第八章第六节的规定外，还应符合下列规定：

1）标明剖面所在的位置；

2）标注设计部位结构、构造的主要尺寸、标高、用材、做法；

3）标注索引符号、编号、图纸名称和制图比例。

第四节　施工设计图

1．施工设计图纸应包括平面图、顶棚平面图、立面图、剖面图、详图和节点图。

2．施工图的平面图应包括设计楼层的总平面图、建筑现状平面图、各空间平面布置图、平面定位图、地面铺装图、索引图等。

3．施工图中的总平面图除了应符合本章第三节第4条的规定外，还应符合下列规定：

1）应全面反映房屋建筑室内装饰装修设计部位平面与毗邻环境的关系，包括交通流线、功能布局等；

2）详细注明设计后对建筑的改造内容；

3）应标明需做特殊要求的部位；

4）在图纸空间允许的情况下可在平面图旁绘制需要注释的大样图。

4．施工图中的平面布置图可分为陈设、家具平面布置图、部品部件平面布置图、设备设施布置图、绿化布置图、局部放大平面布置图等。平面布置图除应符合本章第三节第4条之外，还应根据需要符合下列规定：

1）陈设、家具平面布置图应标注陈设品的名称、位置、大小、必要的尺寸以及布置中需要说明的问题；应标注固定家具和可移动家具及隔断的位置、布置方向，以及柜门或橱门开启方向，并标注家具的定位尺寸和其他必要的尺寸。必要时还应确定家具上电器摆放的位置，如电话、电脑、台灯等；

2）部品部件平面布置图应标注部品部件的名称、位置、尺寸、安装方法和需要说明的问题；

3）设备设施布置图应标明设备设施的位置、名称和需要说明的问题；

4）规模较小的房屋建筑室内装饰装修设计中陈设、家具平面布置图、设备设施布置图以及绿化布置图可合并；

5）规模较大的房屋建筑室内装饰装修设计中应有绿化布置图，应标注绿化品种、定位尺寸和其他必要尺寸；

6）如果建筑单层面积较大，可根据需要绘制局部放大平面布置图，但须在各分区平面布置图适当位置上绘出分区组合示意图，并明显表示本分区部位编号；

7）标注所需的构造节点详图的索引号；

8）当照明、绿化、陈设、家具、部品部件或设备设施另行委托设计时，可根据需要绘制照明、绿化、陈设、家具、部品部件及设备设施的示意性和控制性布置图；

9）图纸的省略：如系对称平面，对称部分的内部尺寸可省略，对称轴部位用对称符号表示，但轴线号不得省略；楼层标准层可共用同一平面，但需注明层次范围及各层的标高。

5. 施工图中的平面定位图应表达与原建筑图的关系，并体现平面图的定位尺寸。平面定位图除应符合本章第三节第 4 条之外，还应符合下列规定：

1）标注房屋建筑室内装饰装修设计对原建筑或房屋建筑室内装饰装修设计的改造状况；

2）标注房屋建筑室内装饰装修设计中新设计的墙体和管井等的定位尺寸、墙体厚度与材料种类，并注明做法；

3）标注房屋建筑室内装饰装修设计中新设计的门窗洞定位尺寸、洞口宽度与高度尺寸、材料种类、门窗编号等；

4）标注房屋建筑室内装饰装修设计中新设计的楼梯、自动扶梯、平台、台阶、坡道等的定位尺寸、设计标高及其他必要尺寸，并注明材料及其做法；

5）标注固定隔断、固定家具、装饰造型、台面、栏杆等的定位尺寸和其他必要尺寸，并注明材料及其做法。

6. 施工图中的地面铺装图除应符合本章第三节第 4 条、第四节第 4 条之外，还应符合下列规定：

1）标注地面装饰材料的种类、拼接图案、不同材料的分界线；

2）标注地面装饰的定位尺寸、规格和异形材料的尺寸、施工做法；

3）标注地面装饰嵌条、台阶和梯段防滑条的定位尺寸、材料种类及做法。

7. 房屋建筑室内装饰装修设计需绘制索引图。索引图应注明立面、剖面、详图和节点图的索引符号及编号，必要时可增加文字说明帮助索引，在图面比较拥挤的情况下可适当缩小图面比例。

8. 施工图中的顶棚平面图应包括装饰装修楼层的顶棚总平面图、顶棚综合布点图、顶棚装饰灯具布置图、各空间顶棚平面图等。

9. 施工图中顶棚总平面图的绘制除应符合本章第三节第 5 条之外，还应符合下列规定：

1）应全面反映顶棚平面的总体情况，包括顶棚造型、顶棚装饰、灯具布置、消防设施及其他设备布置等内容；

2）应标明需做特殊工艺或造型的部位；

3）标注顶面装饰材料的种类、拼接图案、不同材料的分界线；

4）在图纸空间允许的情况下可在平面图旁边绘制需要注释的大样图。

10. 施工图中顶棚平面图的绘制除应符合本章第三节第 5 条之外，还应符合下列规定：

1）应标明顶棚造型、天窗、构件、装饰垂挂物及其他装饰配置和饰品的位置，注明定位尺寸、标高或高度、材料名称和做法；

2）如果建筑单层面积较大，可根据需要单独绘制局部的放大顶棚图，但需在各放大顶棚图的适当位置上绘出分区组合示意图，并明显地表示本分区部位编号；

3) 标注所需的构造节点详图的索引号；

4) 表述内容单一的顶棚平面可缩小比例绘制；

5) 图纸的省略：如系对称平面，对称部分的内部尺寸可省略，对称轴部位用对称符号表示，但轴线号不得省略；楼层标准层可共用同一顶棚平面，但需注明层次范围及各层的标高。

11. 施工图中的顶棚综合布点图除应符合本章第三节第5条之外，还应标明顶棚装饰装修造型与设备设施的位置、尺寸关系。

12. 施工图中顶棚装饰灯具布置图的绘制除应符合本章第三节第5条之外，还应标注所有明装和暗藏的灯具（包括火灾和事故照明灯具）、发光顶棚、空调风口、喷头、探测器、扬声器、挡烟垂壁、防火卷帘、防火挑檐、疏散和指示标志牌等的位置，标明定位尺寸、材料名称、编号及做法。

13. 施工图中立面图的绘制除应符合本章第三节第6条的规定外，还应符合下列规定：

1) 绘制立面左右两端的墙体构造或界面轮廓线、原楼地面至装修楼地面的构造层、顶棚面层装饰装修的构造层；

2) 标注设计范围内立面造型的定位尺寸及细部尺寸；

3) 标注立面投视方向上装饰物的形状、尺寸及关键控制标高；

4) 标明立面上装饰装修材料的种类、名称、施工工艺、拼接图案、不同材料的分界线；

5) 标注所需要构造节点详图的索引号；

6) 对需要特殊和详细表达的部位，可单独绘制其局部放大立面图，并标明其索引位置；

7) 无特殊装饰装修要求的立面可不画立面图，但应在施工说明中或相邻立面的图纸上予以说明；

8) 各个方向的立面应绘齐全，但差异小，左右对称的立面可简略，但应在与其对称的立面的图纸上予以说明；中庭或看不到的局部立面，可在相关剖面图上表示，若剖面图未能表示完全时，则需单独绘制；

9) 凡影响房屋建筑室内装饰装修设计效果的装饰物、家具、陈设品、灯具、电源插座、通讯和电视信号插孔、空调控制器、开关、按钮、消火栓等物体，宜在立面图中绘制出其位置。

14. 施工图中的剖面图应标明平面图、顶棚平面图和立面图中需要清楚表达的部位。剖面图除应符合本章第三节第7条的规定外，还应符合下列规定：

1) 标注平面图、顶棚平面图和立面图中需要清楚表达部分的详细尺寸、标高、材料名称、连接方式和做法；

2) 剖切的部位应根据表达的需要确定；

3) 标注所需的构造节点详图的索引号。

15. 施工图应将平面图、顶棚平面图、立面图和剖面图中需要更加清晰表达的部位索引出来，并应绘制详图或节点图。

16. 施工图中的详图的绘制应符合下列规定：

1）标明物体的细部、构件或配件的形状、大小、材料名称及具体技术要求，注明尺寸和做法；

2）凡在平、立、剖面图或文字说明中对物体的细部形态无法交代或交代不清的可绘制详图；

3）标注详图名称和制图比例。

17. 施工图中节点图的绘制应符合下列规定：

1）标明节点处构造层材料的支撑、连接的关系，标注材料的名称及技术要求，注明尺寸和构造做法；

2）凡在平、立、剖面图或文字说明中对物体的构造做法无法交代或交代不清的可绘制节点图；

3）标注节点图名称和制图比例。

第五节　变更设计图

变更设计应包括变更原因、变更位置、变更内容等。变更设计的形式可以是图纸，也可以是文字说明。

第六节　竣　工　图

竣工图的制图深度同施工图，内容应完整记录施工情况，并应满足工程决算、工程维护以及存档的要求。

第十一章 计算机制图文件

第一节 规　　定

1. 计算机制图文件可分为工程图库文件和工程图纸文件。工程图库文件可在一个以上的工程中重复使用；工程图纸文件只能在一个工程中使用。

★ 工程图库文件是指可以在一个以上的工程中重复使用的计算机制图文件，例如图框文件、图例文件等。

2. 建立合理的文件目录结构，可对计算机制图文件进行有效的管理和利用。

第二节 工程图纸编号

1. 图纸编号规则应符合下列规定：

1）工程图纸根据不同的子项（区段）、专业、阶段等进行编排，宜按本指南的第一章第三节规定的顺序编号。

2）工程图纸编号应使用汉字、数字和连字符"-"的组合。

3）在同一工程中，应使用统一的工程图纸编号格式，工程图纸编号应自始至终保持不变。

★ 工程图纸"按照设计总说明、平面图、立面图、剖面图、大样图、详图、清单、简图的顺序编号"，符合通常的设计习惯，但并不是绝对不变的，因此不作为强制要求。

工程图纸编号规则是基本原则，应严格遵循。

2. 编号格式应符合下列规定：

1）工程图纸编号可由区段代码、专业缩写代码、阶段代码、类型代码、序列号、更改代码和更改版本序列号等组成（图 11.2.2），其中区段代码、类型代码、更改代码和更改版本序列号可根据需要设置。区段代码与专业缩写代码、阶段代码与类型代码、序列号与更改代码之间用连字符"-"分隔开。

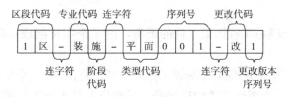

图 11.2.2　工程图纸编号格式

2）区段代码用于工程规模较大、需要划分子项或分区段时，区别不同的子项或分区，由2~4个汉字和数字组成。

3）专业缩写代码用于说明专业类别，由1个汉字组成；宜选用附录A所列出的常用专业缩写代码。

4）阶段代码用于区别不同的设计阶段，由1个汉字组成；宜选用附录A所列出的常用阶段代码。

5）类型代码用于说明工程图纸的类型，由2个字符组成；宜选用附录A所列出的常用类型代码。

6）序列号用于标识同一类图纸的顺序，由001~999之间的任意3位数字组成。

7）更改代码用于标识某张图纸的变更图，用汉字"改"表示。

8）更改版本序列号用于标识变更图的版次，由1~9之间的任意1位数字组成。

第三节 计算机制图文件命名

1. 工程图纸文件命名应符合下列规定：

1）工程图纸文件可根据不同的工程、子项或分区、专业、图纸类型等进行组织，命名规则应具有一定的逻辑关系，便于识别、记忆、操作和检索。

2）工程图纸文件名称应使用拉丁字母、数字、连字符"-"和井字符"♯"的组合。

3）在同一工程中，应使用统一的工程图纸文件名称格式，工程图纸文件名称应自始至终保持不变。

2. 工程图纸文件命名应符合下列规定：

1）工程图纸文件名称可由工程代码、专业代码、类型代码、用户定义代码和文件扩展名组成（图11.3.2-1），其中工程代码和用户定义代码可根据需要设置。专业代码与类型代码之间用连字符"-"分隔开；用户定义代码与文件扩展名之间用小数点"."分隔开。

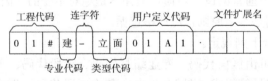

图11.3.2-1 工程图纸文件命名格式

2）工程代码用于说明工程、子项或区段，工程代码可由2~5个字符和数字组成。

3）专业代码用于说明专业类别，由1个字符组成；宜选用附录A所列出的常用专业代码。

4）类型代码用于说明工程图纸文件的类型，由2个字符组成；宜选用附录A所列出的常用类型代码。

5）用户定义代码用于说明工程图纸文件的类型，宜由2~5个字符和数字组成，其中前两个字符为标识同一类图纸文件的序列号，后两位字符表示工程图纸文件变更的范围与版次（图11.3.2-2）。

图 11.3.2-2 工程图纸文件变更范围与版次表示

6）小数点后的文件扩展名由创建工程图纸文件的计算机制图软件定义，由 3 个字符组成。

3. 工程图库文件命名应符合下列规定：

1）工程图库文件应根据建筑体系、组装需要或用法等进行分类，并应便于识别、记忆、软件操作和检索。

2）工程图库文件名称应使用拉丁字母和数字的组合。

3）在特定工程中使用工程图库文件，应将该工程图库文件复制到特定工程的文件夹中，并应更名为与特定工程相适合的工程图纸文件名。

★ 由于工程图库文件的用途、使用习惯存在较大差异，本条只规定了工程图库文件的命名规则，对具体的命名格式不作规定。

工程图库文件的应用，需要依靠计算机技术实现，出于方便计算机识别和少占资源的考虑，要求采用拉丁字母和数字的组合。

同一个工程图库文件可以在多项工程中重复使用，如果使用相同的名称容易造成混淆，还可能出现与特定工程图纸文件统一命名规则不符的情况，因此规定工程图库文件应复制到特定工程的文件夹中，并且更改为与特定工程相适合的工程图纸文件名。

第四节 计算机制图文件夹

1. 计算夹的名称可由用户或计算机制图软件定义，并应在工程上具有明确的逻辑关系，便于识别、机制图文件夹宜根据工程、设计阶段、专业、使用人和文件类型等进行组织。计算机制图文件记忆、管理和检索。

2. 计算机制图文件夹名称可使用汉字、拉丁字母、数字和连字符"-"的组合，但汉字与拉丁字母不得混用。

3. 在同一工程中，应使用统一的计算机制图文件夹命名格式，计算机制图文件夹名称应自始至终保持不变，且不得同时使用中文和英文的命名格式。

★ 标准化的计算机制图文件夹，对工程内部、专业内部的协同设计具有重要作用，有必要加以说明。

4. 为满足协同设计的需要，可分别创建工程、专业内部的共享与交换文件夹。

第五节　计算机制图文件的使用与管理

1. 工程图纸文件应与工程图纸一一对应,以保证存档时工程图纸与计算机制图文件的一致性。

★ "工程图纸文件应与工程图纸一一对应"的要求,既符合档案管理的规定,也便于查阅与重复利用。

2. 计算机制图文件宜使用标准化的工程图库文件。

★ 本条是指工程图库文件的内容、格式应标准化,这样有利于重复利用工程图库文件和提高协同设计效率,例如属性图框文件。

3. 文件备份应符合下列规定:
1) 计算机制图文件应及时备份,避免文件及数据的意外损坏、丢失等。
2) 计算机制图文件备份的时间和份数可根据具体情况自行确定,宜每日或每周备份一次。

4. 应采取定期备份、预防计算机病毒、在安全的设备中保存文件的副本、设置相应的文件访问与操作权限、文件加密以及使用不间断电源(UPS)等保护措施对计算机制图文件进行有效保护。

5. 计算机制图文件应及时归档。

6. 不同系统间图形文件交换应符合现行国家标准《工业自动化系统与集成 产品数据表达与交换》GB/T 16656 的规定。

第六节　协同设计与计算机制图文件

1. 协同设计的计算机制图文件组织应符合下列规定:
1) 采用协同设计方式,应根据工程的性质、规模、复杂程度和专业需要,合理、有序地组织计算机制图文件,并应据此确定设计团队成员的任务分工。
2) 采用协同设计方式组织计算机制图文件,应以减少或避免设计内容的重复创建和编辑为原则,条件许可时,宜使用计算机制图文件参照方式。
3) 为满足专业之间协同设计的需要,可将计算机制图文件划分为各专业共用的公共图纸文件、向其他专业提供的资料文件和仅供本专业使用的图纸文件。
4) 为满足专业内部协同设计的需要,可将本专业的一个计算机制图文件分解为若干零件图文件,并建立零件图文件与组装图文件之间的联系。

2. 协同设计的计算机制图文件参照应符合下列规定:
1) 在主体计算机制图文件中,可引用具有多级引用关系的参照文件,并允许对引用的参照文件进行编辑、剪裁、拆离、覆盖、更新、永久合并的操作。
2) 为避免参照文件的修改引起主体计算机制图文件的变动,主体计算机制图文件归档时,应将被引用的参照文件与主体计算机制图文件永久合并(绑定)。

第十二章 计算机制图文件图层

1. 图层命名应符合下列规定:
1) 图层可根据不同用途、设计阶段、属性和使用对象等进行组织,在工程上应具有明确的逻辑关系,便于识别、记忆、软件操作和检索。
2) 图层名称可使用汉字、拉丁字母、数字和连字符"-"的组合,但汉字与拉丁字母不得混用。
3) 在同一工程中,应使用统一的图层命名格式,图层名称应自始至终保持不变,且不得同时使用中文和英文的命名格式。

★ 图层主要通过计算机技术实现应用,因此最好采用拉丁字母、数字和连字符"—"的组合。目前我国房屋建筑工程中,也存在使用中文图层名称的情况,因此允许使用包含汉字的组合,仅规定汉字与拉丁字母不得混用。

2. 命名格式应符合下列规定:
1) 图层命名应采用分级形式,每个图层名称由 2~5 个数据字段(代码)组成,第一级为专业代码,第二级为主代码,第三、四级分别为次代码1和次代码2,第五级为状态代码;其中第三级~第五级可根据需要设置;每个相邻的数据字段用连字符"-"分隔开。
2) 专业代码用于说明专业类别,宜选用附录 A 所列出的常用专业代码。
3) 主代码用于详细说明专业特征,主代码可以和任意的专业代码组合。
4) 次代码1和次代码2用于进一步区分主代码的数据特征,次代码可以和任意的主代码组合。
5) 状态代码用于区分图层中所包含的工程性质或阶段;状态代码不能同时表示工程状态和阶段,宜选用附录 B 所列出的常用状态代码。
6) 中文图层名称宜采用图 12.0.1-1 的格式,每个图层名称由 2~5 个数据字段组成,每个数据字段为 1~3 个汉字,每个相邻的数据字段用连字符"-"分隔开。

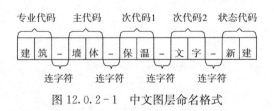

图 12.0.2-1 中文图层命名格式

7) 英文图层名称宜采用图 12.0.1-2 的格式,每个图层名称由 2~5 个数据字段组成,每个数据字段为 1~4 个字符,每个相邻的数据字段用连字符"-"分隔开;其中专业代码为 1 个字符,主代码、次代码1和次代码2 为 4 个字符,状态代码为 1 个字符。
8) 图层名称宜选用附录 A 和附录 B 所列出的常用图层名称。

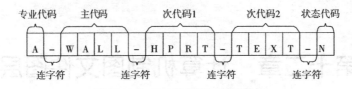

图 12.0.2-2 英文图层命名格式

第十三章 计算机制图规则

1. 计算机制图的方向与指北针应符合下列规定:
1) 平面图与总平面图的方向宜保持一致。
2) 绘制正交平面图时,宜使定位轴线与图框边线平行(图13.0.1-1)。
3) 绘制由几个局部正交区域组成且各区域相互斜交的平面图时,可选择其中任意一个正交区域的定位轴线与图框边线平行(图13.0.1-2)。
4) 指北针应指向绘图区的顶部(图13.0.1-1,图13.0.1-2),并在整套图纸中保持一致。

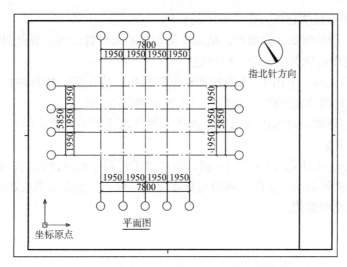

图13.0.1-1 正交平面图制图方向与指北针方向示意

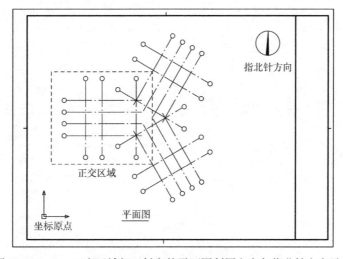

图13.0.1-2 正交区域相互斜交的平面图制图方向与指北针方向示意

★ 指北针方向在同一工程的整套图纸中应保持一致，便于同一专业内部和不同专业之间的计算机制图文件阅读、协作与交流。

2. 计算机制图的坐标系与原点应符合下列规定：

1）计算机制图时，可选择世界坐标系或用户定义坐标系。

2）绘制总平面图工程中有特殊要求的图样时，也可使用大地坐标系。

3）坐标原点的选择，宜使绘制的图样位于横向坐标轴的上方和纵向坐标轴的右侧并紧邻坐标原点（图13.0.1-1、13.0.1-2）。

4）在同一工程中，各专业应采用相同的坐标系与坐标原点。

★ 规定"在同一工程中，各专业宜采用相同的坐标系与坐标原点"，便于同一专业内部和不同专业之间的计算机制图文件阅读、协作与交流。

3. 计算机制图的布局应符合下列规定：

1）计算机制图时，宜按照自下而上、自左至右的顺序排列图样；宜布置主要图样，再布置次要图样。

2）表格、图纸说明宜布置在绘图区的右侧。

★ 主要图样指平面图、立面图、剖面图等，次要图样指详图、节点图等。

4. 计算机制图的比例应符合下列规定：

1）计算机制图时，采用1:1的比例绘制图样时，应按照图中标注的比例打印成图；采用图中标注的比例绘制图样，应按照1:1的比例打印成图。

2）计算机制图时，可采用适当的比例书写图样及说明中文字，但打印成图时应符合本指南第三章的规定。

★ 绘制图样既可以采用1:1的比例，也可以采用图中标注的比例，但无论采用哪种绘制方式，打印成图的图样实际比例应与标注比例一致，这就需要在打印时对计算机制图文件进行相应的比例缩放。

附录 A 常用工程图纸编号与计算机制图文件名称举例

表 A-1 常用专业代码列表

专业	专业代码名称	英文专业代码名称	备注
总图	总	G	含总图、景观、测量/地图、土建
建筑	建	A	含建筑、室内设计
结构	结	S	含结构
装饰装修	装	D	含室内装饰、室内装修
给水排水	水	P	含给水、排水、管道、消防
暖通空调	暖	M	含采暖、通风、空调、机械
电气	电	E	含电气（强电）、通信（弱电）、消防

表 A-2 常用阶段代码列表

设计阶段	阶段代码名称	英文阶段代码名称	备注
可行性研究	可	S	含预可行性研究阶段
方案设计	方	C	—
初步设计	初	P	含扩大初步设计阶段
施工图设计	施	W	—

表 A-3 常用类型代码列表

工程图纸文件类型	类型代码名称	英文类型代码名称
图纸目录	目录	CL
设计总说明	说明	NT
楼层平面图	平面	FP
楼层顶棚平面图	顶棚	CP
场区平面图	场区	SP
拆除平面图	拆除	DP
设备平面图	设备	QP
现有平面图	现有	XP
装饰灯具布置图	灯布	CLP
顶棚综合布点图	综布	CCP
地面铺装图	地铺	FPP
陈设、家具平面布置图	陈设	FFP
部品、部件平面布置图	部件	CPP
立面图	立面	EL
剖面图	剖面	SC
大样图（大比例视图）	大样	LS
详图	详图	DT
三维视图	三维	3D
清单	清单	SH
简图	简图	DG

附录 B 常用图层名称举例

表 B-1 常用状态代码列表

工程性质或阶段	状态代码名称	英文状态代码名称	备 注
新建	新建	N	—
保留	保留	E	—
拆除	拆除	D	—
拟建	拟建	F	—
临时	临时	T	—
搬迁	搬迁	M	—
改建	改建	R	—
合同外	合同外	X	—
阶段编号		1~9	—
可行性研究	可研	S	阶段名称
方案设计	方案	C	阶段名称
初步设计	初设	P	阶段名称
施工图设计	施工图	W	阶段名称

表 B-2 常用总图专业图层名称列表

图 层	中文名称	英文名称	备 注
总平面图	总图-平面	G-SITE	
红线	总图-平面-红线	G-SITE-REDL	建筑红线
外墙线	总图-平面-墙线	G-SITE-WALL	—
建筑物轮廓线	总图-平面-建筑	G-SITE-BOTL	—
构筑物	总图-平面-构筑	G-SITE-STRC	
总平面标注	总图-平面-标注	G-SITE-IDEN	总平面图尺寸标注及标注文字
总平面文字	总图-平面-文字	G-SITE-TEXT	总平面图说明文字
总平面坐标	总图-平面-坐标	G-SITE-CODT	
交通	总图-交通	G-DRIV	
道路中线	总图-交通-中线	G-DRIV-CNTR	—
道路竖向	总图-交通-竖向	G-DRIV-GRAD	—
交通流线	总图-交通-流线	G-DRIV-FLWL	
交通详图	总图-交通-详图	G-DRIV-DTEL	交通道路详图
停车场	总图-交通-停车场	G-DRIV-PRKG	
交通标注	总图-交通-标注	G-DRIV-IDEN	交通道路尺寸标注及标注文字
交通文字	总图-交通-文字	G-DRIV-TEXT	交通道路说明文字
交通坐标	总图-交通-坐标	G-DRIV-CODT	
景观	总图-景观	G-LSCP	园林绿化
景观标注	总图-景观-标注	G-LSCP-IDEN	园林绿化标注及标注文字
景观文字	总图-景观-文字	G-LSCP-TEXT	园林绿化说明文字
景观坐标	总图-景观-坐标	G-LSCP-CODT	—

续表

图 层	中文名称	英文名称	备 注
管线	总图-管线	G-PIPE	—
给水管线	总图-管线-给水	G-PIPE-DOMW	给水管线说明文字、尺寸标注及标注文字、坐标
排水管线	总图-管线-排水	G-PIPE-SANR	排水管线说明文字、尺寸标注及标注文字、坐标
供热管线	总图-管线-供热	G-PIPE-HOTW	供热管线说明文字、尺寸标注及标注文字、坐标
燃气管线	总图-管线-燃气	G-PIPE-GASS	燃气管线说明文字、尺寸标注及标注文字、坐标
电力管线	总图-管线-电力	G-PIPE-POWR	电力管线说明文字、尺寸标注及标注文字、坐标
通信管线	总图-管线-通信	G-PIPE-TCOM	通信管线说明文字、尺寸标注及标注文字、坐标
注释	总图-注释	G-ANNO	—
图框	总图-注释-图框	G-ANNO-TTLB	图框及图框文字
图例	总图-注释-图例	G-ANNO-LEGN	图例与符号
尺寸标注	总图-注释-尺寸	G-ANNO-DIMS	尺寸标注及标注文字
文字说明	总图-注释-文字	G-ANNO-TEXT	总图专业文字说明
等高线	总图-注释-等高线	G-ANNO-CNTR	道路等高线、地形等高线
背景	总图-注释-背景	G-ANNO-BGRD	—
填充	总图-注释-填充	G-ANNO-PATT	图案填充
指北针	总图-注释-指北针	G-ANNO-NARW	—

表 B-3 常用建筑专业图层名称列表

图 层	中文名称	英文名称	备 注
轴线	建筑-轴线	A-AXIS	—
轴线	建筑-轴线-轴网	A-AXIS-GRID	平面轴网、中心线
轴线标注	建筑-轴线-标注	A-AXIS-DIMS	轴线尺寸标注及标注文字
轴线编号	建筑-轴线-编号	A-AXIS-TEXT	—
墙	建筑-墙	A-WALL	墙轮廓线，通常指混凝土墙
砖墙	建筑-墙-砖墙	A-WALL-MSNW	—
轻质隔墙	建筑-墙-隔墙	A-WALL-PRTN	—
玻璃幕墙	建筑-墙-幕墙	A-WALL-GLAZ	—
矮墙	建筑-墙-矮墙	A-WALL-PRHT	半截墙
单线墙	建筑-墙-单线	A-WALL-CNTR	—
墙填充	建筑-墙-填充	A-WALL-PATT	—
墙保温层	建筑-墙-保温	A-WALL-HPRT	内、外墙保温完成线
柱	建筑-柱	A-COLS	柱轮廓线
柱填充	建筑-柱-填充	A-COLS-PATT	—
门窗	建筑-门窗	A-DRWD	门、窗
门窗编号	建筑-门窗-编号	A-DRWD-IDEN	门、窗编号
楼面	建筑-楼面	A-FLOR	楼面边界及标高变化处
地面	建筑-楼面-地面	A-FLOR-GRND	地面边界及标高变化处，室外台阶、散水轮廓
屋面	建筑-楼面-屋面	A-FLOR-ROOF	屋面边界及标高变化处、排水坡脊或坡谷线、坡向箭头及数字、排水口
阳台	建筑-楼面-阳台	A-FLOR-BALC	阳台边界线
楼梯	建筑-楼面-楼梯	A-FLOR-STRS	楼梯踏步、自动扶梯
电梯	建筑-楼面-电梯	A-FLOR-EVTR	电梯间
卫生洁具	建筑-楼面-洁具	A-FLOR-SPCL	卫生洁具投影线

续表

图层	中文名称	英文名称	备注
房间名称、编号	建筑-楼面-房间	A-FLOR-IDEN	—
栏杆	建筑-楼面-栏杆	A-FLOR-HRAL	楼梯扶手、阳台防护栏
停车库	建筑-停车场	A-PRKG	—
停车道	建筑-停车场-道牙	A-PRKG-CURB	停车场道牙、车行方向、转弯半径
停车位	建筑-停车场-车位	A-PRKG-SIGN	停车位标线、编号及标识
区域	建筑-区域	A-AREA	—
区域边界	建筑-区域-边界	A-AREA-OTLN	区域边界及标高变化处
区域标注	建筑-区域-标注	A-AREA-TEXT	面积标注
家具	建筑-家具	A-FURN	—
固定家具	建筑-家具-固定	A-FURN-FIXD	固定家具投影线
活动家具	建筑-家具-活动	A-FURN-MOVE	活动家具投影线
吊顶	建筑-吊顶	A-CLNG	—
吊顶网格	建筑-吊顶-网格	A-CLNG-GRID	吊顶网格线、主龙骨
吊顶图案	建筑-吊顶-图案	A-CLNG-PATT	吊顶图案线
吊顶构件	建筑-吊顶-构件	A-CLNG-SUSP	吊顶构件,吊顶上的灯具、风口
立面	建筑-立面	A-ELEV	—
立面线1	建筑-立面-线一	A-ELEV-LIN1	—
立面线2	建筑-立面-线二	A-ELEV-LIN2	—
立面线3	建筑-立面-线三	A-ELEV-LIN3	—
立面线4	建筑-立面-线四	A-ELEV-LIN4	—
立面填充	建筑-立面-填充	A-ELEV-PATT	—
剖面	建筑-剖面	A-SECT	—
剖面线1	建筑-剖面-线一	A-SECT-LIN1	—
剖面线2	建筑-剖面-线二	A-SECT-LIN2	—
剖面线3	建筑-剖面-线三	A-SECT-LIN3	—
剖面线4	建筑-剖面-线四	A-SECT-LIN4	—
详图	建筑-详图	A-DETL	—
详图线1	建筑-详图-线一	A-DETL-LIN1	—
详图线2	建筑-详图-线二	A-DETL-LIN2	—
详图线3	建筑-详图-线三	A-DETL-LIN3	—
详图线4	建筑-详图-线四	A-DETL-LIN4	—
三维	建筑-三维	A-3DMS	—
三维线1	建筑-三维-线一	A-3DMS-LIN1	—
三维线2	建筑-三维-线二	A-3DMS-LIN2	—
三维线3	建筑-三维-线三	A-3DMS-LIN3	—
三维线4	建筑-三维-线四	A-3DMS-LIN4	—
注释	建筑-注释	A-ANNO	—
图框	建筑-注释-图框	A-ANNO-TTLB	图框及图框文字
图例	建筑-注释-图例	A-ANNO-LEGN	图例与符号
尺寸标注	建筑-注释-标注	A-ANNO-DIMS	尺寸标注及标注文字
文字说明	建筑-注释-文字	A-ANNO-TEXT	建筑专业文字说明
公共标注	建筑-注释-公共	A-ANNO-IDEN	—
标高标注	建筑-注释-标高	A-ANNO-ELVT	标高符号及标注文字

续表

图 层	中文名称	英文名称	备 注
索引符号	建筑-注释-索引	A-ANNO-CRSR	—
引出标注	建筑-注释-引出	A-ANNO-DRVT	—
表格	建筑-注释-表格	A-ANNO-TABL	—
填充	建筑-注释-填充	A-ANNO-PATT	图案填充
指北针	建筑-注释-指北针	A-ANNO-NARW	—

表B-4 常用结构专业图层名称列表

图 层	中文名称	英文名称	备 注
轴线	结构-轴线	S-AXIS	—
轴网	结构-轴线-轴网	S-AXIS-GRID	平面轴网、中心线
轴线标注	结构-轴线-标注	S-AXIS-DIMS	轴线尺寸标注及标注文字
轴线编号	结构-轴线-编号	S-AXIS-TEXT	—
柱	结构-柱	S-COLS	
柱平面实线	结构-柱-平面-实线	S-COLS-PLAN-LINE	柱平面图（实线）
柱平面虚线	结构-柱-平面-虚线	S-COLS-PLAN-DASH	柱平面图（虚线）
柱平面钢筋	结构-柱-平面-钢筋	S-COLS-PLAN-RBAR	柱平面图钢筋标注
柱平面尺寸	结构-柱-平面-尺寸	S-COLS-PLAN-DIMS	柱平面图尺寸标注及标注文字
柱平面填充	结构-柱-平面-填充	S-COLS-PLAN-PATT	
柱编号	结构-柱-平面-编号	S-COLS-PLAN-IDEN	
柱详图实线	结构-柱-详图-实线	S-COLS-DETL-LINE	—
柱详图虚线	结构-柱-详图-虚线	S-COLS-DETL-DASH	—
柱详图钢筋	结构-柱-详图-钢筋	S-COLS-DETL-RBAR	—
柱详图尺寸	结构-柱-详图-尺寸	S-COLS-DETL-DIMS	—
柱详图填充	结构-柱-详图-填充	S-COLS-DETL-PATT	
柱表	结构-柱-表	S-COLS-TABL	—
柱楼层标高表	结构-柱-表-层高	S-COLS-TABL-ELVT	—
构造柱平面实线	结构-柱-构造-实线	S-COLS-CNTJ-LINE	构造柱平面图（实线）
构造柱平面虚线	结构-柱-构造-虚线	S-COLS-CNTJ-DASH	构造柱平面图（虚线）
墙	结构-墙	S-WALL	—
墙平面实线	结构-墙-平面-实线	S-WALL-PLAN-LINE	通常指混凝土墙，墙平面图（实线）
墙平面虚线	结构-墙-平面-虚线	S-WALL-PLAN-DASH	墙平面图（虚线）
墙平面钢筋	结构-墙-平面-钢筋	S-WALL-PLAN-RBAR	墙平面图钢筋标注
墙平面尺寸	结构-墙-平面-尺寸	S-WALL-PLAN-DIMS	墙平面图尺寸标注及标注文字
墙平面填充	结构-墙-平面-填充	S-WALL-PLAN-PATT	
墙编号	结构-墙-平面-编号	S-WALL-PLAN-IDEN	
墙详图实线	结构-墙-详图-实线	S-WALL-DETL-LINE	
墙详图虚线	结构-墙-详图-虚线	S-WALL-DETL-DASH	
墙详图钢筋	结构-墙-详图-钢筋	S-WALL-DETL-RBAR	
墙详图尺寸	结构-墙-详图-尺寸	S-WALL-DETL-DIMS	
墙详图填充	结构-墙-详图-填充	S-WALL-DETL-PATT	
墙表	结构-墙-表	S-WALL-TABL	
墙柱平面实线	结构-墙柱-平面-实线	S-WALL-COLS-LINE	墙柱平面图（实线）
墙柱平面钢筋	结构-墙柱-平面-钢筋	S-WALL-COLS-RBAR	墙柱平面图钢筋标注

续表

图 层	中文名称	英文名称	备 注
墙柱平面尺寸	结构-墙柱-平面-尺寸	S-WALL-COLS-DIMS	墙柱平面图尺寸标注及标注文字
墙柱平面填充	结构-墙柱-平面-填充	S-WALL-COLS-PATT	—
墙柱编号	结构-墙柱-平面-编号	S-WALL-COLS-IDEN	—
墙柱表	结构-墙柱-表	S-WALL-COLS-TABL	—
墙柱楼层标高表	结构-墙柱-表-层高	S-WALL-COLS-ELVT	—
连梁平面实线	结构-连梁-平面-实线	S-WALL-BEAM-LINE	连梁平面图（实线）
连梁平面虚线	结构-连梁-平面-虚线	S-WALL-BEAM-DASH	连梁平面图（虚线）
连梁平面钢筋	结构-连梁-平面-钢筋	S-WALL-BEAM-RBAR	连梁平面图钢筋标注
连梁平面尺寸	结构-连梁-平面-尺寸	S-WALL-BEAM-DIMS	连梁平面图尺寸标注及标注文字
连梁编号	结构-连梁-平面-编号	S-WALL-BEAM-IDEN	—
连梁表	结构-连梁-表	S-WALL-BEAM-TABL	—
连梁楼层标高表	结构-连梁-表-层高	S-WALL-BEAM-ELVT	—
砌体墙平面实线	结构-墙-砌体-实线	S-WALL-MSNW-LINE	砌体墙平面图（实线）
砌体墙平面虚线	结构-墙-砌体-虚线	S-WALL-MSNW-DASH	砌体墙平面图（虚线）
砌体墙平面尺寸	结构-墙-砌体-尺寸	S-WALL-MSNW-DIMS	砌体墙平面图尺寸标注及标注文字
砌体墙平面填充	结构-墙-砌体-填充	S-WALL-MSNW-PATT	—
梁	结构-梁	S-BEAM	
梁平面实线	结构-梁-平面-实线	S-BEAM-PLAN-LINE	梁平面图（实线）
梁平面虚线	结构-梁-平面-虚线	S-BEAM-PLAN-DASH	梁平面图（虚线）
梁平面水平钢筋	结构-梁-钢筋-水平	S-BEAM-RBAR-HCPT	梁平面图水平钢筋标注
梁平面垂直钢筋	结构-梁-钢筋-垂直	S-BEAM-RBAR-VCPT	梁平面图垂直钢筋标注
梁平面附加吊筋	结构-梁-吊筋-附加	S-BEAM-RBAR-ADDU	梁平面图附加吊筋钢筋标注
梁平面附加箍筋	结构-梁-箍筋-附加	S-BEAM-RBAR-ADDO	梁平面图附加吊筋钢筋标注
梁平面尺寸	结构-梁-平面-尺寸	S-BEAM-PLAN-DIMS	梁平面图尺寸标注及标注文字
梁编号	结构-梁-平面-编号	S-BEAM-PLAN-IDEN	—
梁详图实线	结构-梁-详图-实线	S-BEAM-DETL-LINE	
梁详图虚线	结构-梁-详图-虚线	S-BEAM-DETL-DASH	
梁详图钢筋	结构-梁-详图-钢筋	S-BEAM-DETL-RBAR	
梁详图尺寸	结构-梁-详图-尺寸	S-BEAM-DETL-DIMS	
梁楼层标高表	结构-梁-表-层高	S-BEAM-TABL-ELVT	
过梁平面实线	结构-过梁-平面-实线	S-LTEL-PLAN-LINE	过梁平面图（实线）
过梁平面虚线	结构-过梁-平面-虚线	S-LTEL-PLAN-DASH	过梁平面图（虚线）
过梁平面钢筋	结构-过梁-平面-钢筋	S-LTEL-PLAN-RBAR	过梁平面图钢筋标注
过梁平面尺寸	结构-过梁-平面-尺寸	S-LTELM-PLAN-DIMS	过梁平面图尺寸标注及标注文字
楼板	结构-楼板	S-SLAB	
楼板平面实线	结构-楼板-平面-实线	S-SLAB-PLAN-LINE	楼板平面图（实线）
楼板平面虚线	结构-楼板-平面-虚线	S-SLAB-PLAN-DASH	楼板平面图（虚线）
楼板平面下部钢筋	结构-楼板-正筋	S-SLAB-BBAR	楼板平面图 下部钢筋（正筋）
楼板平面下部钢筋标注	结构-楼板-正筋-标注	S-SLAB-BBAR-IDEN	楼板平面图下部 钢筋（正筋）标注
楼板平面下部钢筋尺寸	结构-楼板-正筋-尺寸	S-SLAB-BBAR-DIMS	楼板平面图下部钢筋（正筋） 尺寸标注及标注文字

续表

图　层	中文名称	英文名称	备　注
楼板平面上部钢筋	结构-楼板-负筋	S-SLAB-TBAR	楼板平面图上部钢筋（负筋）
楼板平面上部钢筋标注	结构-楼板-负筋-标注	S-SLAB-TBAR-IDEN	楼板平面图上部钢筋（负筋）标注
楼板平面上部钢筋尺寸	结构-楼板-负筋-尺寸	S-SLAB-TBAR-DIMS	楼板平面图上部钢筋（负筋）尺寸标注及标注文字
楼板平面填充	结构-楼板-平面-填充	S-SLAB-PLAN-PATT	—
楼板详图实线	结构-楼板-详图-实线	S-SLAB-DETL-LINE	—
楼板详图钢筋	结构-楼板-详图-钢筋	S-SLAB-DETL-RBAR	—
楼板详图钢筋标注	结构-楼板-详图-标注	S-SLAB-DETL-IDEN	—
楼板详图尺寸	结构-楼板-详图-尺寸	S-SLAB-DETL-DIMS	—
楼板编号	结构-楼板-平面-编号	S-SLAB-PLAN-IDEN	—
楼板楼层标高表	结构-楼板-表-层高	S-SLAB-TABL-ELVT	—
预制板	结构-楼板-预制	S-SLAB-PCST	—
洞口	结构-洞口	S-OPNG	—
洞口楼板实线	结构-洞口-平面-实线	S-OPNG-PLAN-LINE	楼板平面洞口（实线）
洞口楼板虚线	结构-洞口-平面-虚线	S-OPNG-PLAN-DASH	楼板平面洞口（虚线）
洞口楼板加强钢筋	结构-洞口-平面-钢筋	S-OPNG-PLAN-RBAR	楼板平面洞边加强钢筋
洞口楼板钢筋标注	结构-洞口-平面-标注	S-OPNG-RBAR-IDEN	楼板平面洞边加强钢筋标注
洞口楼板尺寸	结构-洞口-平面-尺寸	S-OPNG-PLAN-DIMS	楼板平面洞口尺寸标注及标注文字
洞口楼板编号	结构-洞口-平面-编号	S-OPNG-PLAN-IDEN	—
洞口墙上实线	结构-洞口-墙-实线	S-OPNG-WALL-LINE	墙上洞口（实线）
洞口墙上虚线	结构-洞口-墙-虚线	S-OPNG-WALL-DASH	墙上洞口（虚线）
基础	结构-基础	S-FNDN	—
基础平面实线	结构-基础-平面-实线	S-FNDN-PLAN-LINE	基础平面图（实线）
基础平面钢筋	结构-基础-平面-钢筋	S-FNDN-PLAN-RBAR	基础平面图钢筋
基础平面钢筋标注	结构-基础-平面-标注	S-FNDN-PLAN-IDEN	基础平面图钢筋标注
基础平面尺寸	结构-基础-平面-尺寸	S-FNDN-PLAN-DIMS	基础平面图尺寸标注及标注文字
基础编号	结构-基础-平面-编号	S-FNDN-PLAN-IDEN	—
基础详图实线	结构-基础-详图-实线	S-FNDN-DETL-LINE	—
基础详图虚线	结构-基础-详图-虚线	S-FNDN-DETL-DASH	—
基础详图钢筋	结构-基础-详图-钢筋	S-FNDN-DETL-RBAR	—
基础详图钢筋标注	结构-基础-详图-标注	S-FNDN-DETL-IDEN	—
基础详图尺寸	结构-基础-详图-尺寸	S-FNDN-DETL-DIMS	—
基础详图填充	结构-基础-详图-填充	S-FNDN-DETL-PATT	—
桩	结构-桩	S-PILE	—
桩平面实线	结构-桩-平面-实线	S-PILE-PLAN-LINE	桩平面图（实线）
桩平面虚线	结构-桩-平面-虚线	S-PILE-PLAN-DASH	桩平面图（虚线）
桩编号	结构-桩-平面-编号	S-PILE-PLAN-IDEN	—
桩详图	结构-桩-详图	S-PILE-DETL	—
楼梯	结构-楼梯	S-STRS	—

续表

图 层	中文名称	英文名称	备 注
楼梯平面实线	结构-楼梯-平面-实线	S-STRS-PLAN-LINE	楼梯平面图（实线）
楼梯平面虚线	结构-楼梯-平面-虚线	S-STRS-PLAN-DASH	楼梯平面图（虚线）
楼梯平面钢筋	结构-楼梯-平面-钢筋	S-STRS-PLAN-RBAR	楼梯平面图钢筋
楼梯平面标注	结构-楼梯-平面-标注	S-STRS-RBAR-IDEN	楼梯平面图钢筋标注及其他标注
楼梯平面尺寸	结构-楼梯-平面-尺寸	S-STRS-PLAN-DIMS	楼梯平面图尺寸标注及标注文字
楼梯详图实线	结构-楼梯-详图-实线	S-STRS-DETL-LINE	—
楼梯详图虚线	结构-楼梯-详图-虚线	S-STRS-DETL-DASH	—
楼梯详图钢筋	结构-楼梯-详图-钢筋	S-STRS-DETL-RBAR	—
楼梯详图标注	结构-楼梯-详图-标注	S-STRS-DETL-IDEN	—
楼梯详图尺寸	结构-楼梯-详图-尺寸	S-STRS-DETL-DIMS	—
楼梯详图填充	结构-楼梯-详图-填充	S-STRS-DETL-PATT	—
钢结构	结构-钢	S-STEL	—
钢结构辅助线	结构-钢-辅助	S-STEL-ASIS	—
斜支撑	结构-钢-斜撑	S-STEL-BRGX	—
型钢实线	结构-型钢-实线	S-STEL-SHAP-LINE	—
型钢标注	结构-型钢-标注	S-STEL-SHAP-IDEN	—
型钢尺寸	结构-型钢-尺寸	S-STEL-SHAP-DIMS	—
型钢填充	结构-型钢-填充	S-STEL-SHAP-PATT	—
钢板实线	结构-钢板-实线	S-STEL-PLAT-LINE	—
钢板标注	结构-钢板-标注	S-STEL-PLAT-IDEN	—
钢板尺寸	结构-钢板-尺寸	S-STEL-PLAT-DIMS	—
钢板填充	结构-钢板-填充	S-STEL-PLAT-PATT	—
螺栓	结构-螺栓	S-ABLT	—
螺栓实线	结构-螺栓-实线	S-ABLT-LINE	—
螺栓标注	结构-螺栓-标注	S-ABLT-IDEN	—
螺栓尺寸	结构-螺栓-尺寸	S-ABLT-DIMS	—
螺栓填充	结构-螺栓-填充	S-ABLT-PATT	—
焊缝	结构-焊缝	S-WELD	—
焊缝实线	结构-焊缝-实线	S-WELD-LINE	—
焊缝标注	结构-焊缝-标注	S-WELD-IDEN	—
焊缝尺寸	结构-焊缝-尺寸	S-WELD-DIMS	—
预埋件	结构-预埋件	S-BURY	—
预埋件实线	结构-预埋件-实线	S-BURY-LINE	—
预埋件虚线	结构-预埋件-虚线	S-BURY-DASH	—
预埋件钢筋	结构-预埋件-钢筋	S-BURY-RBAR	—
预埋件标注	结构-预埋件-标注	S-BURY-IDEN	—
预埋件尺寸	结构-预埋件-尺寸	S-BURY-DIMS	—
注释	结构-注释	S-ANNO	—
图框	结构-注释-图框	S-ANNO-TTLB	图框及图框文字
尺寸标注	结构-注释-标注	S-ANNO-DIMS	尺寸标注及标注文字
文字说明	结构-注释-文字	S-ANNO-TEXT	结构专业文字说明
公共标注	结构-注释-公共	S-ANNO-IDEN	—

续表

图层	中文名称	英文名称	备注
标高标注	结构-注释-标高	S-ANNO-ELVT	标高符号及标注文字
索引符号	结构-注释-索引	S-ANNO-CRSR	—
引出标注	结构-注释-引出	S-ANNO-DRVT	—
表格线	结构-注释-表格-线	S-ANNO-TSBL-LINE	—
表格文字	结构-注释-表格-文字	S-ANNO-TSBL-TEXT	—
表格钢筋	结构-注释-表格-钢筋	S-ANNO-TSBL-RBSR	—
填充	结构-注释-填充	S-ANNO-PSTT	图案填充
指北针	结构-注释-指北针	S-ANNO-NSRW	—

表B-5 常用给水排水专业图层名称列表

图层	中文名称	英文名称	备注
轴线	给水排水-轴线	P-AXIS	—
轴网	给水排水-轴线-轴网	P-AXIS-GRID	平面轴网、中心线
轴线标注	给水排水-轴线-标注	P-AXIS-DIMS	轴线尺寸标注及标注文字
轴线编号	给水排水-轴线-编号	P-AXIS-TEXT	—
给水	给水排水-给水	P-DOMW	生活给水
给水平面	给水排水-给水-平面	P-DOMW-PLAN	—
给水立管	给水排水-给水-立管	P-DOMW-VPIP	—
给水设备	给水排水-给水-设备	P-DOMW-EQPM	给水管阀门及其他配件
给水管道井	给水排水-给水-管道井	P-DOMW-PWEL	—
给水标高	给水排水-给水-标高	P-DOMW-ELVT	给水标高
给水管径	给水排水-给水-管径	P-DOMW-PDMT	给水管管径
给水标注	给水排水-给水-标注	P-DOMW-IDEN	给水管文字标注
给水尺寸	给水排水-给水-尺寸	P-DOMW-DIMS	给水管尺寸标注及标注文字
直接饮用水	给水排水-饮用	P-PTBW	—
直饮水平面	给水排水-饮用-平面	P-PTBW-PLAN	—
直饮水立管	给水排水-饮用-立管	P-PTBW-VPIP	—
直饮水设备	给水排水-饮用-设备	P-PTBW-EQPM	直接饮用水管阀门及其他配件
直饮水管道井	给水排水-饮用-管道井	P-PTBW-PWEL	—
直饮水标高	给水排水-饮用-标高	P-PTBW-ELVT	直接饮用水管标高
直饮水管径	给水排水-饮用-管径	P-PTBW-PDMT	直接饮用水管管径
直饮水标注	给水排水-饮用-标注	P-PTBW-IDEN	直接饮用水管文字标注
直饮水尺寸	给水排水-饮用-尺寸	P-PTBW-DIMS	直接饮用水管尺寸标注及标注文字
热水	给水排水-热水	P-HPIP	热水
热水平面	给水排水-热水-平面	P-HPIP-PLAN	—
热水立管	给水排水-热水-立管	P-HPIP-VPIP	—
热水设备	给水排水-热水-设备	P-HPIP-EQPM	热水管阀门及其他配件
热水管道井	给水排水-热水-管道井	P-HPIP-PWEL	—
热水标高	给水排水-热水-标高	P-HPIP-ELVT	热水管标高
热水管径	给水排水-热水-管径	P-HPIP-PDMT	热水管管径
热水标注	给水排水-热水-标注	P-HPIP-IDEN	热水管文字标注
热水尺寸	给水排水-热水-尺寸	P-HPIP-DIMS	热水管尺寸标注及标注文字
回水	给水排水-回水	P-RPIP	热水回水

续表

图　层	中文名称	英文名称	备　注
回水平面	给水排水-回水-平面	P－RPIP－PLAN	—
回水立管	给水排水-回水-立管	P－RPIP－VPIP	—
回水设备	给水排水-回水-设备	P－RPIP－EQPM	回水管阀门及其他配件
回水管道井	给水排水-回水-管道井	P－RPIP－PWEL	—
回水标高	给水排水-回水-标高	P－RPIP－ELVT	回水管标高
回水管径	给水排水-回水-管径	P－RPIP－PDMT	回水管管径
回水标注	给水排水-回水-标注	P－RPIP－IDEN	回水管文字标注
回水尺寸	给水排水-回水-尺寸	P－RPIP－DIMS	回水管尺寸标注及标注文字
排水	给水排水-排水	P－PDRN	生活污水排水
排水平面	给水排水-排水-平面	P－PDRN－PLAN	—
排水立管	给水排水-排水-立管	P－PDRN－VPIP	—
排水设备	给水排水-排水-设备	P－PDRN－EQPM	排水管阀门及其他配件
排水管道井	给水排水-排水-管道井	P－PDRN－PWEL	—
排水标高	给水排水-排水-标高	P－PDRN－ELVT	排水管标高
排水管径	给水排水-排水-管径	P－PDRN－PDMT	排水管管径
排水标注	给水排水-排水-标注	P－PDRN－IDEN	排水管文字标注
排水尺寸	给水排水-排水-尺寸	P－PDRN－DIMS	排水管尺寸标注及标注文字
压力排水管	给水排水-排水-压力	P－PDRN－PRES	—
雨水	给水排水-雨水	P－STRM	—
雨水平面	给水排水-雨水-平面	P－STRM－PLAN	—
雨水立管	给水排水-雨水-立管	P－STRM－VPIP	—
雨水设备	给水排水-雨水-设备	P－STRM－EQPM	雨水管阀门及其他配件
雨水管道井	给水排水-雨水-管道井	P－STRM－PWEL	—
雨水标高	给水排水-雨水-标高	P－STRM－ELVT	雨水管标高
雨水管径	给水排水-雨水-管径	P－STRM－PDMT	雨水管管径
雨水标注	给水排水-雨水-标注	P－STRM－IDEN	雨水管文字标注
雨水尺寸	给水排水-雨水-尺寸	P－STRM－DIMS	雨水管尺寸标注及标注文字
消防	给水排水-消防	P－FIRE	消防给水
消防平面	给水排水-消防-平面	P－FIRE－PLAN	—
消防立管	给水排水-消防-立管	P－FIRE－VPIP	—
消防设备	给水排水-消防-设备	P－FIRE－EQPM	消防给水管阀门及其他配件、消火栓
消防管道井	给水排水-消防-管道井	P－FIRE－PWEL	—
消防标高	给水排水-消防-标高	P－FIRE－ELVT	消防给水管标高
消防管径	给水排水-消防-管径	P－FIRE－PDMT	消防给水管管径
消防标注	给水排水-消防-标注	P－FIRE－IDEN	消防给水管文字标注
消防尺寸	给水排水-消防-尺寸	P－FIRE－DIMS	消防给水管尺寸标注及标注文字
喷淋	给水排水-喷淋	P－SPRN	自动喷淋
喷淋平面	给水排水-喷淋-平面	P－SPRN－PLAN	—
喷淋立管	给水排水-喷淋-立管	P－SPRN－VPIP	—
喷淋设备	给水排水-喷淋-设备	P－SPRN－EQPM	喷淋管阀门及其他配件、喷头
喷淋管道井	给水排水-喷淋-管道井	P－SPRN－PWEL	—
喷淋标高	给水排水-喷淋-标高	P－SPRN－ELVT	喷淋管标高
喷淋管径	给水排水-喷淋-管径	P－SPRN－PDMT	喷淋管管径

续表

图 层	中文名称	英文名称	备 注
喷淋标注	给水排水-喷淋-标注	P-SPRN-IDEN	喷淋管文字标注
喷淋尺寸	给水排水-喷淋-尺寸	P-SPRN-DIMS	喷淋管尺寸标注及标注文字
水喷雾管	给水排水-喷淋-喷雾	P-SPRN-SPRY	—
中水	给水排水-中水	P-RECW	—
中水平面	给水排水-中水-平面	P-RECW-PLAN	—
中水立管	给水排水-中水-立管	P-RECW-VPIP	—
中水设备	给水排水-中水-设备	P-RECW-EQPM	中水管阀门及其他配件
中水管道井	给水排水-中水-管道井	P-RECW-PWEL	—
中水标高	给水排水-中水-标高	P-RECW-ELVT	中水管标高
中水管径	给水排水-中水-管径	P-RECW-PDMT	中水管管径
中水标注	给水排水-中水-标注	P-RECW-IDEN	中水管文字标注
中水尺寸	给水排水-中水-尺寸	P-RECW-DIMS	中水管尺寸标注及标注文字
冷却水	给水排水-冷却	P-CWTR	循环冷却水
冷却水平面	给水排水-冷却-平面	P-CWTR-PLAN	—
冷却水立管	给水排水-冷却-立管	P-CWTR-VPIP	—
冷却水设备	给水排水-冷却-设备	P-CWTR-EQPM	冷却水管阀门及其他配件
冷却水管道井	给水排水-冷却-管道井	P-CWTR-PWEL	—
冷却水标高	给水排水-冷却-标高	P-CWTR-ELVT	冷却水管标高
冷却水管径	给水排水-冷却-管径	P-CWTR-PDMT	冷却水管管径
冷却水标注	给水排水-冷却-标注	P-CWTR-IDEN	冷却水管文字标注
冷却水尺寸	给水排水-冷却-尺寸	P-CWTR-DIMS	冷却水管尺寸标注及标注文字
废水	给水排水-废水	P-WSTW	—
废水平面	给水排水-废水-平面	P-WSTW-PLAN	—
废水立管	给水排水-废水-立管	P-WSTW-VPIP	—
废水设备	给水排水-废水-设备	P-WSTW-EQPM	废水管阀门及其他配件
废水管道井	给水排水-废水-管道井	P-WSTW-PWEL	—
废水标高	给水排水-废水-标高	P-WSTW-ELVT	废水管标高
废水管径	给水排水-废水-管径	P-WSTW-PDMT	废水管管径
废水标注	给水排水-废水-标注	P-WSTW-IDEN	废水管文字标注
废水尺寸	给水排水-废水-尺寸	P-WSTW-DIMS	废水管尺寸标注及标注文字
通气	给水排水-通气	P-PGAS	—
通气平面	给水排水-通气-平面	P-PGAS-PLAN	—
通气立管	给水排水-通气-立管	P-PGAS-VPIP	—
通气设备	给水排水-通气-设备	P-PGAS-EQPM	通气管阀门及其他配件
通气管道井	给水排水-通气-管道井	P-PGAS-PWEL	—
通气标高	给水排水-通气-标高	P-PGAS-ELVT	通气管标高
通气管径	给水排水-通气-管径	P-PGAS-PDMT	通气管管径
通气标注	给水排水-通气-标注	P-PGAS-IDEN	通气管文字标注
通气尺寸	给水排水-通气-尺寸	P-PGAS-DIMS	通气管尺寸标注及标注文字
蒸汽	给水排水-蒸汽	P-STEM	—
蒸汽平面	给水排水-蒸汽-平面	P-STEM-PLAN	—
蒸汽立管	给水排水-蒸汽-立管	P-STEM-VPIP	—
蒸汽设备	给水排水-蒸汽-设备	P-STEM-EQPM	蒸汽管阀门及其他配件

续表

图 层	中文名称	英文名称	备 注
蒸汽管道井	给水排水-蒸汽-管道井	P-STEM-PWEL	
蒸汽标高	给水排水-蒸汽-标高	P-STEM-ELVT	蒸汽管标高
蒸汽管径	给水排水-蒸汽-管径	P-STEM-PDMT	蒸汽管管径
蒸汽标注	给水排水-蒸汽-标注	P-STEM-IDEN	蒸汽管文字标注
蒸汽尺寸	给水排水-蒸汽-尺寸	P-STEM-DIMS	蒸汽管尺寸标注及标注文字
注释	给水排水-注释	P-ANNO	—
图框	给水排水-注释-图框	P-ANNO-TTLB	图框及图框文字
图例	给水排水-注释-图例	P-ANNO-LEGN	图例与符号
尺寸标注	给水排水-注释-标注	P-ANNO-DIMS	尺寸标注及标注文字
文字说明	给水排水-注释-文字	P-ANNO-TEXT	给水排水专业文字说明
公共标注	给水排水-注释-公共	P-ANNO-IDEN	
标高标注	给水排水-注释-标高	P-ANNO-ELVT	标高符号及标注文字
表格	给水排水-注释-表格	P-ANNO-TABL	—

表 B-6 常用暖通空调专业图层名称列表

图 层	中文名称	英文名称	备 注
轴线	暖通-轴线	M-AXIS	—
轴网	暖通-轴线-轴网	M-AXIS-GRID	平面轴网、中心线
轴线标注	暖通-轴线-标注	M-AXIS-DIMS	轴线尺寸标注及标注文字
轴线编号	暖通-轴线-编号	M-AXIS-TEXT	—
空调系统	暖通-空调	M-HVAC	
冷水供水管	暖通-空调-冷水-供水	M-HVAC-CPIP-SUPP	
冷水回水管	暖通-空调-冷水-回水	M-HVAC-CPIP-RETN	
热水供水管	暖通-空调-热水-供水	M-HVAC-HPIP-SUPP	
热水回水管	暖通-空调-热水-回水	M-HVAC-HPIP-RETN	
冷热水供水管	暖通-空调-冷热-供水	M-HVAC-RISR-SUPP	
冷热水回水管	暖通-空调-冷热-回水	M-HVAC-RISR-RETN	
冷凝水管	暖通-空调-冷凝	M-HVAC-CNDW	
冷却水供水管	暖通-空调-冷却-供水	M-HVAC-CWTR-SUPP	
冷却水回水管	暖通-空调-冷却-回水	M-HVAC-CWTR-RETN	
冷媒供液管	暖通-空调-冷媒-供水	M-HVAC-CMDM-SUPP	
冷媒回水管	暖通-空调-冷媒-回水	M-HVAC-CMDM-RETN	
热媒供水管	暖通-空调-热媒-供水	M-HVAC-HMDM-SUPP	
热媒回水管	暖通-空调-热媒-回水	M-HVAC-HMDM-RETN	
蒸汽管	暖通-空调-蒸汽	M-HVAC-STEM	—
空调设备	暖通-空调-设备	M-HVAC-EQPM	空调水系统阀门及其他配件
空调标注	暖通-空调-标注	M-HVAC-IDEN	空调水系统文字标注
通风系统	暖通-通风	M-DUCT	
送风风管	暖通-通风-送风-风管	M-DUCT-SUPP-PIPE	
送风风管中心线	暖通-通风-送风-中线	M-DUCT-SUPP-CNTR	—

续表

图　　层	中文名称	英文名称	备　注
送风风口	暖通-通风-送风-风口	M-DUCT-SUPP-VENT	—
送风立管	暖通-通风-送风-立管	M-DUCT-SUPP-VPIP	—
送风设备	暖通-通风-送风-设备	M-DUCT-SUPP-EQPM	送风阀门、法兰及其他配件
送风标注	暖通-通风-送风-标注	M-DUCT-SUPP-IDEN	送风风管标高、尺寸、文字等标注
回风风管	暖通-通风-回风-风管	M-DUCT-RETN-PIPE	—
回风风管中心线	暖通-通风-回风-中线	M-DUCT-RETN-CNTR	—
回风风口	暖通-通风-回风-风口	M-DUCT-RETN-VENT	—
回风立管	暖通-通风-回风-立管	M-DUCT-RETN-VPIP	—
回风设备	暖通-通风-回风-设备	M-DUCT-RETN-EQPM	回风阀门、法兰及其他配件
回风标注	暖通-通风-回风-标注	M-DUCT-RETN-IDEN	回风风管标高、尺寸、文字等标注
新风风管	暖通-通风-新风-风管	M-DUCT-MKUP-PIPE	—
新风风管中心线	暖通-通风-新风-中线	M-DUCT-MKUP-CNTR	—
新风风口	暖通-通风-新风-风口	M-DUCT-MKUP-VENT	—
新风立管	暖通-通风-新风-立管	M-DUCT-MKUP-VPIP	—
新风设备	暖通-通风-新风-设备	M-DUCT-MKUP-EQPM	新风阀门、法兰及其他配件
新风标注	暖通-通风-新风-标注	M-DUCT-MKUP-IDEN	新风风管标高、尺寸、文字等标注
除尘风管	暖通-通风-除尘-风管	M-DUCT-PVAC-PIPE	—
除尘风管中心线	暖通-通风-除尘-中线	M-DUCT-PVAC-CNTR	—
除尘风口	暖通-通风-除尘-风口	M-DUCT-PVAC-VENT	—
除尘立管	暖通-通风-除尘-立管	M-DUCT-PVAC-VPIP	—
除尘设备	暖通-通风-除尘-设备	M-DUCT-PVAC-EQPM	除尘阀门、法兰及其他配件
除尘标注	暖通-通风-除尘-标注	M-DUCT-PVAC-IDEN	除尘风管标高、尺寸、文字等标注
排风风管	暖通-通风-排风-风管	M-DUCT-EXHS-PIPE	—
排风风管中心线	暖通-通风-排风-中线	M-DUCT-EXHS-CNTR	—
排风风口	暖通-通风-排风-风口	M-DUCT-EXHS-VENT	—
排风立管	暖通-通风-排风-立管	M-DUCT-EXHS-VPIP	—
排风设备	暖通-通风-排风-设备	M-DUCT-EXHS-EQPM	排风阀门、法兰及其他配件
排风标注	暖通-通风-排风-标注	M-DUCT-EXHS-IDEN	排风风管标高、尺寸、文字等标注
排烟风管	暖通-通风-排烟-风管	M-DUCT-DUST-PIPE	
排烟风管中心线	暖通-通风-排烟-中线	M-DUCT-DUST-CNTR	
排烟风口	暖通-通风-排烟-风口	M-DUCT-DUST-VENT	
排烟立管	暖通-通风-排烟-立管	M-DUCT-DUST-VPIP	
排烟设备	暖通-通风-排烟-设备	M-DUCT-DUST-EQPM	排烟阀门、法兰及其他配件
排烟标注	暖通-通风-排烟-标注	M-DUCT-DUST-IDEN	排烟风管标高、尺寸、文字等标注
消防风管	暖通-通风-消防-风管	M-DUCT-FIRE-PIPE	
消防风管中心线	暖通-通风-消防-中线	M-DUCT-FIRE-CNTR	
消防风口	暖通-通风-消防-风口	M-DUCT-FIRE-VENT	
消防立管	暖通-通风-消防-立管	M-DUCT-FIRE-VPIP	

续表

图 层	中文名称	英文名称	备 注
消防设备	暖通-通风-消防-设备	M-DUCT-FIRE-EQPM	消防阀门、法兰及其他配件
消防标注	暖通-通风-消防-标注	M-DUCT-FIRE-IDEN	消防风管标高、尺寸、文字等标注
采暖系统	暖通-采暖	M-HOTW	—
供水管	暖通-采暖-供水	M-HOTW-SUPP	—
供水立管	暖通-采暖-供水-立管	M-HOTW-SUPP-VPIP	—
供水支管	暖通-采暖-供水-支管	M-HOTW-SUPP-LATL	—
供水设备	暖通-采暖-供水-设备	M-HOTW-SUPP-EQPM	供水阀门及其他配件
供水标注	暖通-采暖-供水-标注	M-HOTW-SUPP-IDEN	供水管标高、尺寸、文字等标注
回水管	暖通-采暖-回水	M-HOTW-RETN	—
回水立管	暖通-采暖-回水-立管	M-HOTW-RETN-VPIP	—
回水支管	暖通-采暖-回水-支管	M-HOTW-RETN-LATL	—
回水设备	暖通-采暖-回水-设备	M-HOTW-RETN-EQPM	回水阀门及其他配件
回水标注	暖通-采暖-回水-标注	M-HOTW-RETN-IDEN	回水管标高、尺寸、文字等标注
散热器	暖通-采暖-散热器	M-HOTW-RDTR	—
平面地沟	暖通-采暖-地沟	M-HOTW-UNDR	—
注释	暖通-注释	M-ANNO	—
图框	暖通-注释-图框	M-ANNO-TTLB	图框及图框文字
图例	暖通-注释-图例	M-ANNO-LEGN	图例与符号
尺寸标注	暖通-注释-标注	M-ANNO-DIMS	尺寸标注及标注文字
文字说明	暖通-注释-文字	M-ANNO-TEXT	暖通专业文字说明
公共标注	暖通-注释-公共	M-ANNO-IDEN	
标高标注	暖通-注释-标高	M-ANNO-ELVT	标高符号及标注文字
表格	暖通-注释-表格	M-ANNO-TABL	

表 B-7 常用电气专业图层名称列表

图 层	中文名称	英文名称	备 注
轴线	电气-轴线	E-AXIS	—
轴网	电气-轴线-轴网	E-AXIS-GRID	平面轴网、中心线
轴线标注	电气-轴线-标注	E-AXIS-DIMS	轴线尺寸标注及标注文字
轴线编号	电气-轴线-编号	E-AXIS-TEXT	—
平面	电气-平面	E-PLAN	—
平面照明设备	电气-平面-照明-设备	E-PLAN-LITE-EQPM	—
平面照明导线	电气-平面-照明-导线	E-PLAN-LITE-CIRC	—
平面照明标注	电气-平面-照明-标注	E-PLAN-LITE-IDEN	照明平面图的标注及文字
平面动力设备	电气-平面-动力-设备	E-PLAN-POWR-EQPM	—
平面动力导线	电气-平面-动力-导线	E-PLAN-POWR-CIRC	—
平面动力标注	电气-平面-动力-标注	E-PLAN-POWR-IDEN	动力平面图的标注及文字
平面通信设备	电气-平面-通信-设备	E-PLAN-TCOM-EQPM	—
平面通信导线	电气-平面-通信-导线	E-PLAN-TCOM-CIRC	—
平面通信标注	电气-平面-通信-标注	E-PLAN-TCOM-IDEN	通信平面图的标注及文字
平面有线电视设备	电气-平面-有线-设备	E-PLAN-CATV-EQPM	—

续表

图 层	中文名称	英文名称	备 注
平面有线电视导线	电气-平面-有线-导线	E-PLAN-CATV-CIRC	—
平面有线电视标注	电气-平面-有线-标注	E-PLAN-CATV-IDEN	有线电视平面图的标注及文字
平面接地	电气-平面-接地	E-PLAN-GRND	—
平面接地标注	电气-平面-接地-标注	E-PLAN-GRND-IDEN	接地平面图的标注及文字
平面消防设备	电气-平面-消防-设备	E-PLAN-FIRE-EQPM	—
平面消防导线	电气-平面-消防-导线	E-PLAN-FIRE-CIRC	—
平面消防标注	电气-平面-消防-标注	E-PLAN-FIRE-IDEN	消防平面图的标注及文字
平面安防设备	电气-平面-安防-设备	E-PLAN-SERT-EQPM	—
平面安防导线	电气-平面-安防-导线	E-PLAN-SERT-CIRC	—
平面安防标注	电气-平面-安防-标注	E-PLAN-SERT-IDEN	安防平面图的标注及文字
平面建筑设备监控设备	电气-平面-监控-设备	E-PLAN-EQMT-EQPM	—
平面建筑设备监控导线	电气-平面-监控-导线	E-PLAN-EQMT-CIRC	—
平面建筑设备监控标注	电气-平面-监控-标注	E-PLAN-EQMT-IDEN	建筑设备监控平面图的标注及文字
平面防雷	电气-平面-防雷	E-PLAN-LTNG	防雷平面图的设备及导线
平面防雷标注	电气-平面-防雷-标注	E-PLAN-LTNG-IDEN	防雷平面图的标注及文字
平面设备间设备	电气-平面-设间-设备	E-PLAN-EQRM-EQPM	—
平面设备间导线	电气-平面-设间-导线	E-PLAN-EQRM-CIRC	—
平面设备间标注	电气-平面-设间-标注	E-PLAN-EQRM-IDEN	设备间平面图的文字及标注
平面桥架	电气-平面-桥架	E-PLAN-TRAY	—
平面桥架支架	电气-平面-桥架-支架	E-PLAN-TRAY-FIXE	—
平面桥架标注	电气-平面-桥架-标注	E-PLAN-TRAY-IDEN	桥架平面图的标注及文字
系统	电气-系统	E-SYST	—
照明系统设备	电气-系统-照明-设备	E-SYST-LITE-EQPM	—
照明系统导线	电气-系统-照明-导线	E-SYST-LITE-CIRC	照明系统的母线及导线
照明系统标注	电气-系统-照明-标注	E-SYST-LITE-IDEN	照明系统的标注及文字
动力系统设备	电气-系统-动力-设备	E-SYST-POWR-EQPM	—
动力系统导线	电气-系统-动力-导线	E-SYST-POWR-CIRC	动力系统的母线及导线
动力系统标注	电气-系统-动力-标注	E-SYST-POWR-IDEN	动力系统的标注及文字
通信系统设备	电气-系统-通信-设备	E-SYST-TCOM-EQPM	—
通信系统导线	电气-系统-通信-导线	E-SYST-TCOM-CIRC	—
通信系统标注	电气-系统-通信-标注	E-SYST-TCOM-IDEN	通信系统的标注及文字
有线电视系统设备	电气-系统-有线-标注	E-SYST-CATV-EQPM	—
有线电视系统导线	电气-系统-有线-导线	E-SYST-CATV-CIRC	—
有线电视系统标注	电气-系统-有线-标注	E-SYST-CATV-TEXT	有线电视系统的标注及文字
音响系统设备	电气-系统-音响-设备	E-SYST-SOUN-EQPM	—
音响系统导线	电气-系统-音响-导线	E-SYST-SOUN-CIRC	—
音响系统标注	电气-系统-音响-标注	E-SYST-SOUN-IDEN	音响系统的标注及文字
二次控制设备	电气-系统-二次-设备	E-SYST-CTRL-EQPM	—

续表

图 层	中文名称	英文名称	备 注
二次控制主回路	电气-系统-二次-主回	E-SYST-CTRL-SMSY	—
二次控制导线	电气-系统-二次-导线	E-SYST-CTRL-CIRC	二次控制系统的母线及导线
二次控制标注	电气-系统-二次-标注	E-SYST-CTRL-IDEN	二次控制系统的标注及文字
二次控制表格	电气-系统-二次-表格	E-SYST-CTRL-TABS	—
消防系统设备	电气-系统-消防-设备	E-SYST-FIRE-EQPM	—
消防系统导线	电气-系统-消防-导线	E-SYST-FIRE-CIRC	—
消防系统标注	电气-系统-消防-标注	E-SYST-FIRE-IDEN	消防系统的标注及文字
安防系统设备	电气-系统-安防-设备	E-SYST-SERT-EQPM	—
安防系统导线	电气-系统-安防-导线	E-SYST-SERT-CIRC	—
安防系统标注	电气-系统-安防-标注	E-SYST-SERT-TEXT	安全防护系统的标注及文字
建筑设备监控设备	电气-系统-监控-设备	E-SYST-EQMT-EQPM	—
建筑设备监控导线	电气-系统-监控-导线	E-SYST-EQMT-CIRC	—
建筑设备监控标注	电气-系统-监控-标注	E-SYST-EQMT-TEXT	建筑设备监控系统的标注及文字
高低压系统设备	电气-系统-高低-设备	E-SYST-HLVO-EQPM	—
高低压系统导线	电气-系统-高低-导线	E-SYST-HLVO-CIRC	高低压系统的母线及导线
高低压系统标注	电气-系统-高低-标注	E-SYST-HLVO-IDEN	高低压系统的标注及文字
高低压系统表格	电气-系统-高低-表格	E-SYST-HLVO-FORM	—
注释	电气-注释	E-ANNO	—
图框	电气-注释-图框	E-ANNO-TTLB	图框及图框文字
图例	电气-注释-图例	E-ANNO-LEGN	图例与符号
尺寸标注	电气-注释-尺寸	E-ANNO-DIMS	尺寸标注及标注文字
文字说明	电气-注释-文字	E-ANNO-TEXT	电气专业文字说明
公共标注	电气-注释-公共	E-ANNO-IDEN	—
标高标注	电气-注释-标高	E-ANNO-ELVT	标高符号及标注文字
表格	电气-注释-表格	E-ANNO-TABL	—
孔洞	电气-注释-孔洞	E-ANNO-HOLE	孔洞及孔洞标注

表 B-8 常用装饰装修专业图层名称列表

图 层	中文名称	英文名称	备 注
轴线	装饰装修-轴线	D-AXIS	—
轴线	装饰装修-轴线-轴网	D-AXIS-GRID	平面轴网、中心线
轴线标注	装饰装修-轴线-标注	D-AXIS-DIMS	轴线尺寸标注及标注文字
轴线编号	装饰装修-轴线-编号	D-AXIS-TEXT	—
墙	装饰装修-墙	D-WALL	墙轮廓线，通常指混凝土墙
砖墙	装饰装修-墙-砖墙	D-WALL-MSNW	—
轻质隔墙	装饰装修-墙-隔墙	D-WALL-PRTN	平面图各类隔墙及二次装修隔墙
玻璃隔墙	装饰装修-墙-玻璃隔墙	D-WALL-GLAP	平面图玻璃隔墙（不含玻璃门）
玻璃幕墙	装饰装修-墙-幕墙	D-WALL-GLAZ	—

续表

图 层	中文名称	英文名称	备 注
矮墙	装饰装修-墙-矮墙	D-WALL-PRHT	半截墙
单线墙	装饰装修-墙-单线	D-WALL-CNTR	—
墙填充	装饰装修-墙-填充	D-WALL-PATT	—
墙保温层	装饰装修-墙-保温	D-WALL-HPRT	内、外墙保温完成线
柱	装饰装修-柱	D-COLS	柱轮廓线
柱填充	装饰装修-柱-填充	D-COLS-PATT	—
完成面	装饰装修-完成面	D-COMS	装饰装修完成面外轮廓线
门	装饰装修-门	D-DOOR	门（含玻璃门）
窗	装饰装修-窗	D-WIND	窗
门窗编号	装饰装修-门窗-编号	D-DRWD-IDEN	门、窗编号
楼面	装饰装修-楼面	D-FLOR	楼面边界及标高变化处
地面	装饰装修-楼面-地面	D-FLOR-GRND	地面边界及标高变化处、室外台阶、散水轮廓
地材	装饰装修-楼面-铺地	D-FLOR-PAVM	—
屋面	装饰装修-楼面-屋面	D-FLOR-ROOF	屋面边界及标高变化处、排水坡脊或坡谷线、坡向箭头及数字、排水口
阳台	装饰装修-楼面-阳台	D-FLOR-BALC	阳台边界线
步阶	装饰装修-楼面-步阶	D-FLOR-STRS	楼梯踏步、自动扶梯
电梯	装饰装修-楼面-电梯	D-FLOR-EVTR	电梯间
卫生洁具	装饰装修-楼面-洁具	D-FLOR-SPCL	卫生洁具投影线
房间名称、编号	装饰装修-楼面-房间	D-FLOR-IDEN	—
栏杆	装饰装修-楼面-栏杆	D-FLOR-HRAL	楼梯扶手、阳台防护栏
区域	装饰装修-区域	D-AREA	—
区域边界	装饰装修-区域-边界	D-AREA-OTLN	区域边界及标高变化处
区域标注	装饰装修-区域-标注	D-AREA-TEXT	面积标注
家具	装饰装修-家具	D-FURN	—
固定家具	装饰装修-家具-固定	D-FURN-FIXD	固定家具投影线
活动家具	装饰装修-家具-活动	D-FURN-MOVE	活动家具投影线
家具轮廓示意	装饰装修-家具-轮廓示意	D-FURN-CONL	家具、洁具等图样外轮廓线
绿化	装饰装修-平面-绿化	D-PLAN-GREN	平面图所有绿化及园林、假山造景
平面灯具	装饰装修-平面-灯具	D-PLAN-LAMP	平面图所示台灯、地灯、落地灯、水底灯、壁灯等各类灯具
中空	装饰装修-平面-中空	D-PLAN-HOLO	平面图所有中空示意线、电梯、中庭边线
看线	装饰装修-平面-看线	D-PLAN-VIEW	平面图中室内外所有与装饰无关的图线
装修装修排水	装饰装修-平面-排水	D-PLAN-PDRN	平面图所示排水沟、地漏等排水设施
窗帘	装饰装修-平面-窗帘	D-PLAN-CURT	平面图所示所有窗帘
顶棚	装饰装修-顶棚	D-CLNG	—
顶棚造型	装饰装修-顶棚-造型	D-CLNG-MODL	顶棚造型示意线

续表

图 层	中文名称	英文名称	备 注
顶棚图案	装饰装修-顶棚-图案	D-CLNG-PATT	顶棚造型图案示意线(细)
顶棚网格	装饰装修-顶棚-网格	D-CLNG-GRID	顶棚网格线、主龙骨
顶棚灯槽	装饰装修-顶棚-灯槽	D-CLNG-LGTR	暗藏灯光示意线
顶棚灯具	装饰装修-顶棚-灯具	D-CLNG-LAMP	筒灯、射灯、吊灯、吸顶灯等所有灯具
顶棚构件	装饰装修-顶棚-构件	D-CLNG-COMP	顶棚构件,顶棚上的各类风口、风向指示、排气扇等
喷淋	装饰装修-顶棚-喷淋	D-CLNG-SPRN	消防喷淋头
烟感	装饰装修-顶棚-烟感	D-CLNG-SMOD	烟感探测器
立面	装饰装修-立面	D-ELEV	—
立面线1	装饰装修-立面-线一	D-ELEV-LIN1	—
立面线2	装饰装修-立面-线二	D-ELEV-LIN2	—
立面线3	装饰装修-立面-线三	D-ELEV-LIN3	—
立面线4	装饰装修-立面-线四	D-ELEV-LIN4	—
立面填充	装饰装修-立面-填充	D-ELEV-PATT	
剖面	装饰装修-剖面	D-SECT	也叫剖切线
剖面线1	装饰装修-剖面-线一	D-SECT-LIN1	—
剖面线2	装饰装修-剖面-线二	D-SECT-LIN2	—
剖面线3	装饰装修-剖面-线三	D-SECT-LIN3	—
剖面线4	装饰装修-剖面-线四	D-SECT-LIN4	—
详图	装饰装修-详图	D-DETL	
详图线1	装饰装修-详图-线一	D-DETL-LIN1	
详图线2	装饰装修-详图-线二	D-DETL-LIN2	
详图线3	装饰装修-详图-线三	D-DETL-LIN3	
详图线4	装饰装修-详图-线四	D-DETL-LIN4	
三维	装饰装修-三维	D-3DMS	
三维线1	装饰装修-三维-线一	D-3DMS-LIN1	
三维线2	装饰装修-三维-线二	D-3DMS-LIN2	
三维线3	装饰装修-三维-线三	D-3DMS-LIN3	
三维线4	装饰装修-三维-线四	D-3DMS-LIN4	
注释	装饰装修-注释	D-ANNO	
图框	装饰装修-注释-图框	D-ANNO-TTLB	图框及图框文字
图例	装饰装修-注释-图例	D-ANNO-LEGN	图例与符号
尺寸标注	装饰装修-注释-标注	D-ANNO-DIMS	尺寸标注及标注文字
文字说明	装饰装修-注释-文字	D-ANNO-TEXT	装饰装修专业文字说明
公共标注	装饰装修-注释-公共	D-ANNO-IDEN	—
标高标注	装饰装修-注释-标高	D-ANNO-ELVT	标高符号及标注文字
索引符号	装饰装修-注释-索引	D-ANNO-CRSR	
引出标注	装饰装修-注释-引出	D-ANNO-DRVT	
表格	装饰装修-注释-表格	D-ANNO-TABL	

续表

图 层	中文名称	英文名称	备 注
填充1	装饰装修-注释-填充一	D-ANNO-PAT1	图案填充
填充2	装饰装修-注释-填充二	D-ANNO-PAT2	图案填充
指北针	装饰装修-注释-指北针	D-ANNO-NARW	—
消防	装饰装修-消防	D-FIRE	所有消防设备示意（消火栓、防火卷帘等）
辅助线	装饰装修-辅助线	D-GUID	辅助线（例如：中粗线）

术　语

1. 建筑室内装饰　interior decoration of building
　　在房屋建筑室内空间中运用装饰材料、家具、陈设等物件对室内环境进行美化处理的工作。

2. 建筑室内装修　interior renovation of building
　　指对房屋建筑室内空间中的界面和固定设施的维护、修饰及美化。

3. 图纸幅面　drawing format
　　图纸幅面是指图纸宽度与长度组成的图面。

4. 图线　chart
　　图线是指起点和终点间以任何方式连接的一种几何图形，形状可以是直线或曲线，连续和不连续线。

5. 字体　font
　　字体又称书体，是指文字的风格式样。

6. 比例　scale
　　比例是指图中图形与其实物相应要素的线性尺寸之比。

7. 引出线　leader line
　　在房屋建筑室内装饰装修设计中为表示引出详图或文字说明位置而画出的细实线。

8. 图例　legend
　　为表示材料、灯具、设备设施等品种和构造而设定的标准图样。

9. 剖切符号　cutting symbol
　　用以表示图样中剖视位置的符号。剖切符号用于剖视面和断面图。

10. 索引符号　index symbol
　　图样中用于引出需要清楚绘制细部图形的符号，以方便绘图及图纸查找。

11. 图号　numbering
　　表示本图样或被索引引出图样的标题编号。

12. 视图　view
　　将物体按正投影法向投影面投射时所得到的投影称为视图。

13. 轴测图　axonometric drawing
　　用平行投影法将物体连同确定该物体的直角坐标系一起沿不平行于任一坐标平面的方向投射到一个投影面上，所得到的图形，称作轴测图。

14. 透视图　perspective drawing
　　根据透视原理绘制出的具有近大远小特征的图像，以表达建筑设计意图。

15. 平面图　plan
　　用一水平的剖切面沿门窗洞口位置将房屋剖切后，对剖切面以下部分做的水平投影图。

16. 立面图　elevation

　　在与房屋主要外墙面平行的投影面上所做的房屋正投影图。

17. 剖面图　section

　　用垂直于外墙水平方向轴线的铅垂剖切面，将房屋剖切所得的正投影图。

18. 剖视图　section

　　在房屋建筑室内装饰装修设计中表达物体内部形态的图样。它是假想用一剖切面（平面或曲面）剖开物体，将处在观察者和剖切面之间的部分移去后，剩余部分向投影面上投射得到的正投影图。

19. 断面图　profile

　　假想用剖切面剖开物体后，仅画出物体与该剖切面接触部分的正投影，所得的图形称为断面图。

20. 详图　detail drawing

　　详图又称"大样图"，指在工程制图中对物体的细部或构件、配件用较大的比例将其形状、大小、材料和做法详细表示出来的图样，在房屋建筑室内装饰装修设计中指表现细部形态的图样。

21. 节点　joint detail

　　在房屋建筑室内装饰装修设计中物体需要重点表示的构造做法的图样。

22. 总平面图　interior site plan

　　在房屋建筑室内装饰装修设计中，表示需要设计的平面与所在楼层平面或环境的总体关系的图样。

23. 综合布点图　comprehensive ceiling drawing

　　在房屋建筑室内装饰装修设计中，为了协调顶棚装饰装修造型与设备设施的位置关系，而将顶棚中所有明装和暗藏设备设施的位置、尺寸与顶棚造型的位置、尺寸综合表示在一起的图样。

24. 展开图　unfolded drawing

　　在房屋建筑室内装饰装修设计中，对正投影难以表明准确尺寸的呈弧形或异形的平面图形，可将图形的平面展开为直线平面后绘制。

25. 室内净高　net story height

　　从楼、地面面层（完成面）至吊顶或楼盖、屋盖底面之间的有效使用空间的垂直距离。

26. 标高　elevation

　　在房屋建筑室内装饰装修设计中以本层室内地坪装饰装修完成面为基准点±0.000，至该空间各装饰装修完成面之间的垂直高度。

27. 镜像投影　reflective projection

　　设想与顶界面相对的底界面为整片的镜面，顶界面的所有物象都映射在镜面上，这镜面就是投影面，镜面呈现的图像就是顶界面的正投影图。用镜像投影的方法可以表示顶棚平面图。

28. 工程图纸　project sheet

　　根据投影原理或有关规定绘制在纸介质上的，通过线条、符号、文字说明及其他图形元素表示工程形状、大小、结构等特征的图形。

29. 计算机制图文件　computer aided drawing file，CAD file

利用计算机制图技术绘制的，记录和存储工程图纸所表现的各种设计内容的数据文件。

30. 计算机制图文件夹　computer aided drawing folder

在磁盘等设备上存储计算机制图文件的逻辑空间。又称为计算机制图文件目录。

31. 协同设计　synergitic design

通过计算机网络与计算机辅助设计技术，创建协作设计环境，使设计团队各成员围绕共同的设计目标与对象，按照各自分工，并行交互式地完成设计任务，实现设计资源的优化配置和共享，最终获得符合工程要求的设计成果文件。

32. 计算机制图文件参照方式　computer aided drawing，CAD files

在当前计算机制图文件中引用并显示其他计算机制图文件（被参照文件）的部分或全部数据内容的一种计算机制图技术。当前计算机制图文件只记录被参照文件的存储位置和文件名，并不记录被参照文件的具体数据内容，并且随着被参照文件的修改而同步更新。

33. 图层　layer

计算机制图文件中相关图形元素数据的一种组织结构。属于同一图层的实体具有统一的颜色、线型、线宽、状态等属性。

本标准用词说明

1 为便于在执行本标准条文时区别对待,对要求严格程度不同的用词说明如下:

 1)表示很严格,非这样做不可的用词:

  正面词采用"必须",反面词采用"严禁";

 2)表示严格,在正常情况下均应这样做的用词:

  正面词采用"应",反面词采用"不应"或"不得";

 3)表示允许稍有选择,在条件许可时首先应这样做的用词:

  正面词采用"宜",反面词采用"不宜";

 4)表示有选择,在一定条件下可以这样做的用词,采用"可"。

2 条文中指明应按其他有关标准执行,写法为:"应符合……的规定"或"应按……执行"。

引用标准名录

1 《技术制图 字体》GB/T 14691
2 《工业自动化系统与集成 产品数据表达与交换》GB/T 16656

致　　谢

在《〈房屋建筑室内装饰装修制图标准〉实施指南》的编写中，深圳晶宫装饰设计院的高级建筑师汤李俊提供了应用实例。中国人民解放军武警设计院吕小泉高级工程师、江南大学设计学院杨茂川教授、徐州矿业大学艺术与设计学院骄苏平教授对本实施指南的编写提出过宝贵意见。对此我们表示感谢！

编者

附：某温泉度假酒店施工图纸

图纸目录

序号	图纸名称	图号	图幅	备注	序号	图纸名称	图号	图幅	备注
	封面				17	一层A区03立面图	IE-01A-03	A4	
01	图纸目录	ML-01	A3		18	一层A区04立面图	IE-01A-04	A4	
02	材料表	CL-01	A4		19	一层A区05立面图	IE-01A-05	A4	
—	施工说明	—	—	施工说明未作范例	20	一层A区06立面图	IE-01A-06	A4	
	总平面图				21	一层A区07立面图	IE-01A-07	A4	
03	一层平面图	FF-01	A4			A区剖面图			
	A区放大平面图				22	一层A区剖面图	SC-01A-01	A4	
04	一层A区平面图	FF-01A	A4		23	一层A区剖面图	SC-01A-02	A4	
05	一层A区顶棚平面图	RC-01A	A4		24	一层A区剖面图	SC-01A-03	A4	
06	一层A区顶棚装饰灯具布置图	RC-01A-01	A4		25	一层A区剖面图	SC-01A-04	A4	
07	一层A区墙体定位图	AR-01A	A4			A区大样图			
08	一层A区地面铺装图	FC-01A	A4		26	一层A区大样图	LS-01A-01	A4	
09	一层A区立面索引图	ID-01A	A4		27	一层A区大样图	LS-01A-02	A4	
	二层				28	一层A区大样图	LS-01A-03	A4	
	A区放大平面图				29	一层A区大样图	LS-01A-04	A4	
10	二层A区平面图	FF-02A	A4		30	一层A区大样图	LS-01A-05	A4	
11	二层A区顶棚平面图	RC-02A	A4		31	一层A区大样图	LS-01A-06	A4	
12	二层A区顶棚装饰灯具布置图	RC-02A-01	A4		32	一层A区大样图	LS-01A-07	A4	
13	二层A区墙体定位图	AR-02A	A4		33	一层A区大样图	LS-01A-08	A4	
14	二层A区地面铺装图	FC-02A	A4		34	一层A区大样图	LS-01A-09	A4	
	A区立面图								
15	一层A区01立面图	IE-01A-01	A4						
16	一层A区02立面图	IE-01A-02	A4						

设计单位	深圳市晶宫设计装饰工程有限公司	总工		设计负责人		审核-日期		校对-日期		比例—		日期2010.08	专业 装饰	阶段 施工图
工程名称	某温泉度假酒店	建设单位				备注		设计		制图		图纸名称 图纸目录		
										图号ML-01		图号01	编辑版本	第 1 张

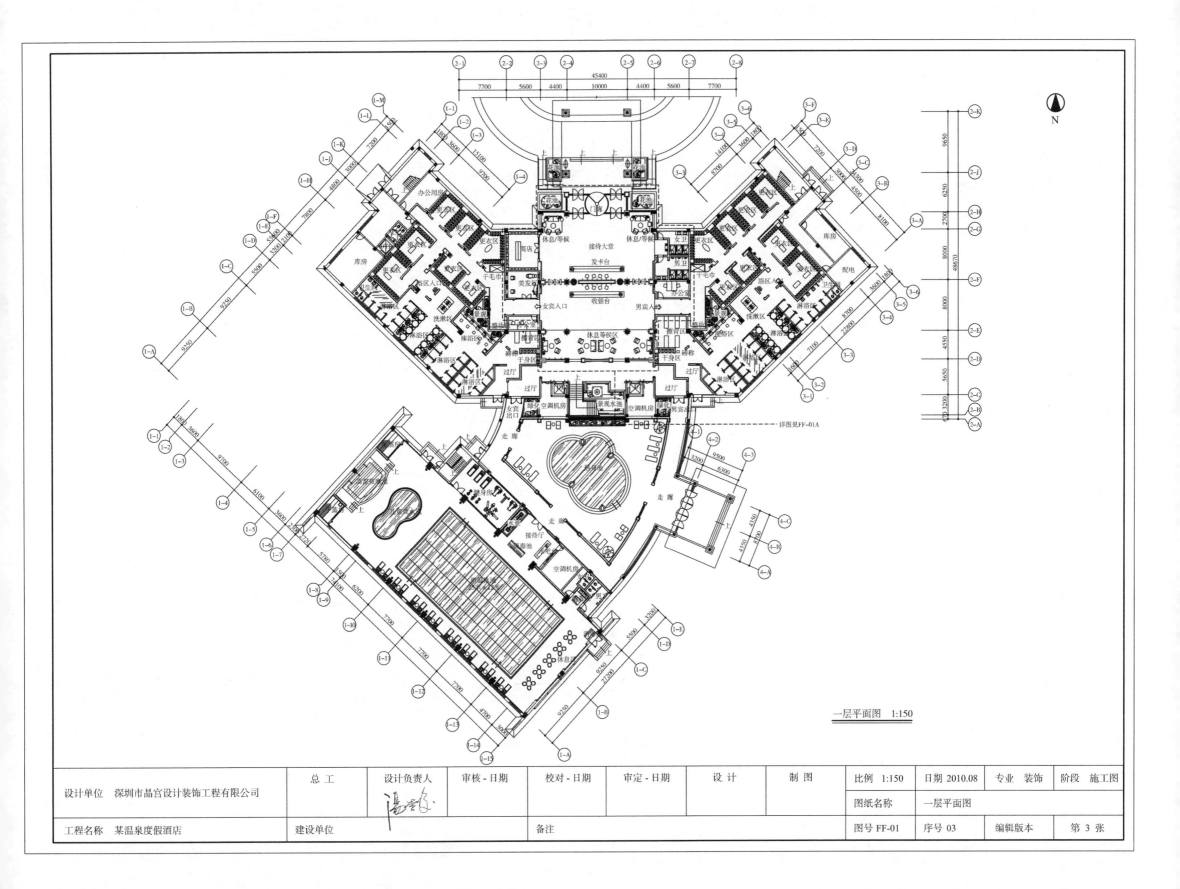

一层平面图 1:150

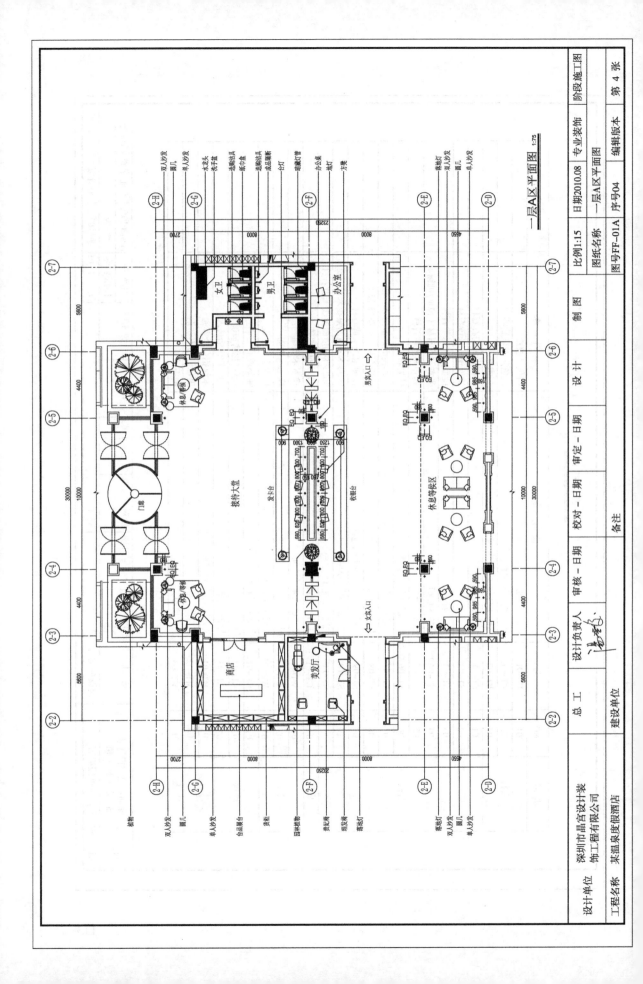

主要材料表

类别	NO	编号	使用位置	材料名称	备注
涂料	01	PT-01	墙面及顶棚	白色乳胶漆	
	02	PT-01*	湿区墙面及顶棚	白色防潮乳胶漆	
	03	PT-02	墙面（公共区）	艺术涂料	
石材	01	ST-01	大堂地面（主材）	镜面米黄洞石石材	
	02	ST-02	大堂地面	镜面银线米黄石材	
	03	ST-03	大堂地面	镜面金线米黄石材	
	04	ST-04	公共区墙面	米黄洞石石材（镜面/机刨面）	
	05	ST-05	公共区墙面	砂岩石材	
	06	ST-06	大堂服务台主背景	深色镜面热带雨林石材	
	07	ST-07	大堂服务台	砂岩石材（雕花㸃板）	
	08	ST-08	大堂服务台	镜面银线米黄石材	
	09	ST-09	一层大堂公共卫生间地面	800×800镜面银线米黄石材	
	10	ST-10	二层服务中心地面	400×800镜面银线米黄石材	
	11	ST-11	二层走廊地面	600×600地砖	
瓷砖	01	CT-01	后勤区地面		
木材	01	WD-01	公共区顶棚及墙面	橡木木饰面	
	02	WD-02	门	橡木木饰面	
	03	WD-03	二层楼梯前厅	橡木实木地板	
玻璃	01	GL-01	大堂造型墙面	雕刻玻璃	
	02	GL-02	门	10厚钢化清玻璃	
	03	GL-03	公共区墙面及顶棚	8厚钢化清玻璃	
金属材料	01	MT-01	大堂服务台	木纹铝合金方通	
	02	MT-02	大堂服务台	黑色镜面不锈钢	
墙纸	01	MT-03	大堂顶棚	编织壁纸	

设计单位	深圳市晶宫设计表饰工程有限公司	总工		设计负责人		审核-日期		校对-日期		审定-日期		设计		制图		比例—		日期2010.08	专业 装饰	阶段施工图
工程名称	某温泉度假酒店	建设单位				备注										图纸名称		材料表		
																图号CL-01	序号02	编辑版本	第 2 张	

附：某温泉度假酒店施工图图纸

图纸目录

序号	图纸名称	图号	图幅	备注	序号	图纸名称	图号	图幅	备注
	封面				17	一层A区03立面图	IE-01A-03	A4	
01	图纸目录	ML-01	A3		18	一层A区04立面图	IE-01A-04	A4	
02	材料表	CL-01	A4		19	一层A区05立面图	IE-01A-05	A4	
—	施工说明	—	—	施工说明未作范例	20	一层A区06立面图	IE-01A-06	A4	
—	一层				21	一层A区07立面图	IE-01A-07	A4	
	总平面图					A区剖面图			
03	一层平面图	FF-01	A4		22	一层A区剖面图	SC-01A-01	A4	
	A区放大平面图				23	一层A区剖面图	SC-01A-02	A4	
04	一层A区平面图	FF-01A	A4		24	一层A区剖面图	SC-01A-03	A4	
05	一层A区顶棚平面图	RC-01A	A4		25	一层A区剖面图	SC-01A-04	A4	
06	一层A区顶棚装饰灯具布置图	RC-01A-01	A4			A区大样图			
07	一层A区墙体定位图	AR-01A	A4		26	一层A区大样图	LS-01A-01	A4	
08	一层A区地面铺装图	FC-01A	A4		27	一层A区大样图	LS-01A-02	A4	
09	一层A区立面索引图	ID-01A	A4		28	一层A区大样图	LS-01A-03	A4	
	二层				29	一层A区大样图	LS-01A-04	A4	
	A区放大平面图				30	一层A区大样图	LS-01A-05	A4	
10	二层A区平面图	FF-02A	A4		31	一层A区大样图	LS-01A-06	A4	
11	二层A区顶棚平面图	RC-02A	A4		32	一层A区大样图	LS-01A-07	A4	
12	二层A区顶棚装饰灯具布置图	RC-02A-01	A4		33	一层A区大样图	LS-01A-08	A4	
13	二层A区墙体定位图	AR-02A	A4		34	一层A区大样图	LS-01A-09	A4	
14	二层A区地面铺装图	FC-02A	A4						
	A区立面图								
15	一层A区01立面图	IE-01A-01	A4						
16	一层A区02立面图	IE-01A-02	A4						

设计单位	深圳市晶宫设计装饰工程有限公司	总 工		设计负责人		审核-日期		校对-日期		审定-日期		设 计		制 图		比例—		日期2010.08	专业 装饰	阶段施工图
工程名称	某温泉度假酒店	建设单位		备注												图纸名称	图纸目录	图号ML-01	序号01	编辑版本 第 1 张

致　　谢

在《〈房屋建筑室内装饰装修制图标准〉实施指南》的编写中，深圳晶宫装饰设计院的高级建筑师汤李俊提供了应用实例。中国人民解放军武警设计院吕小泉高级工程师、江南大学设计学院杨茂川教授、徐州矿业大学艺术与设计学院骄苏平教授对本实施指南的编写提出过宝贵意见。对此我们表示感谢！

编者

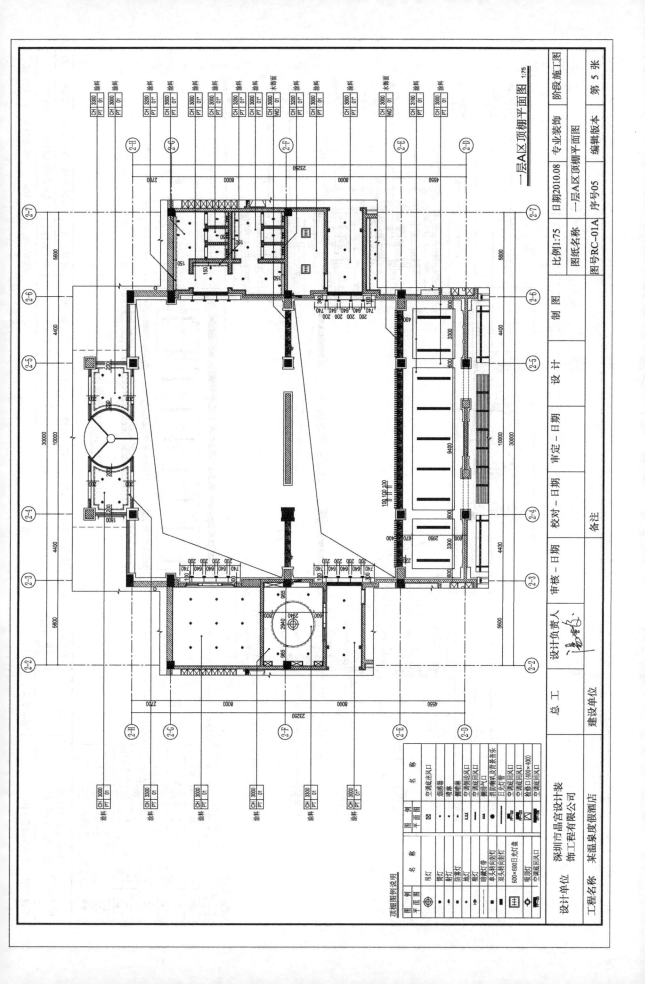

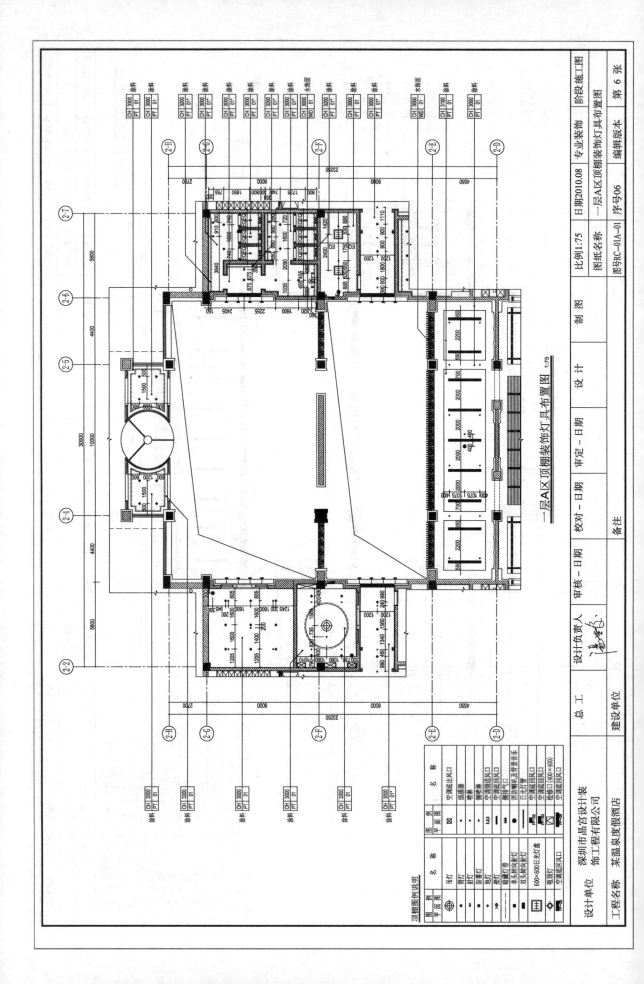

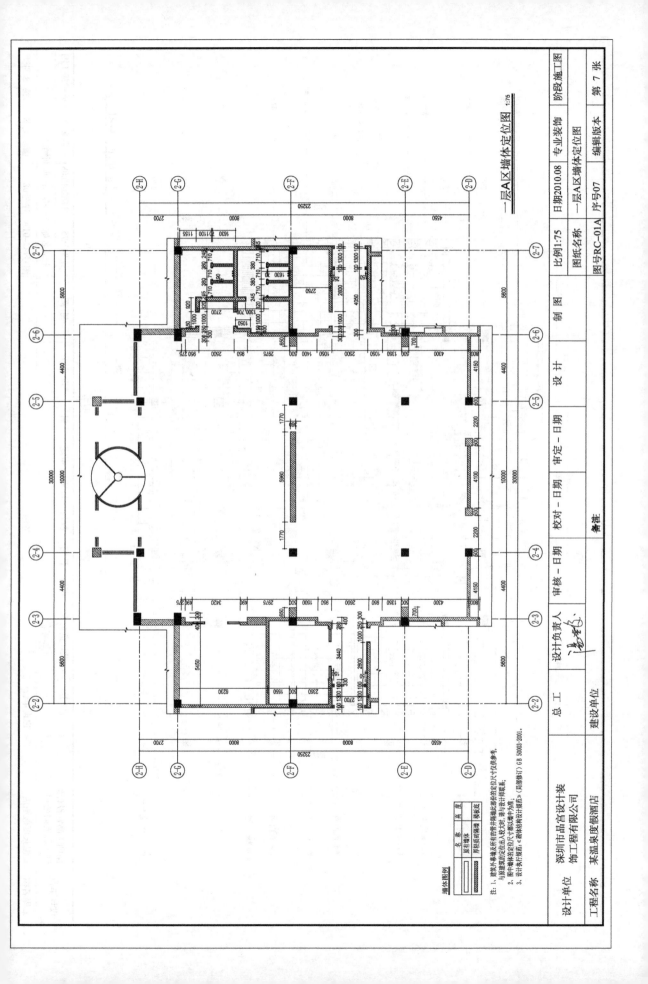

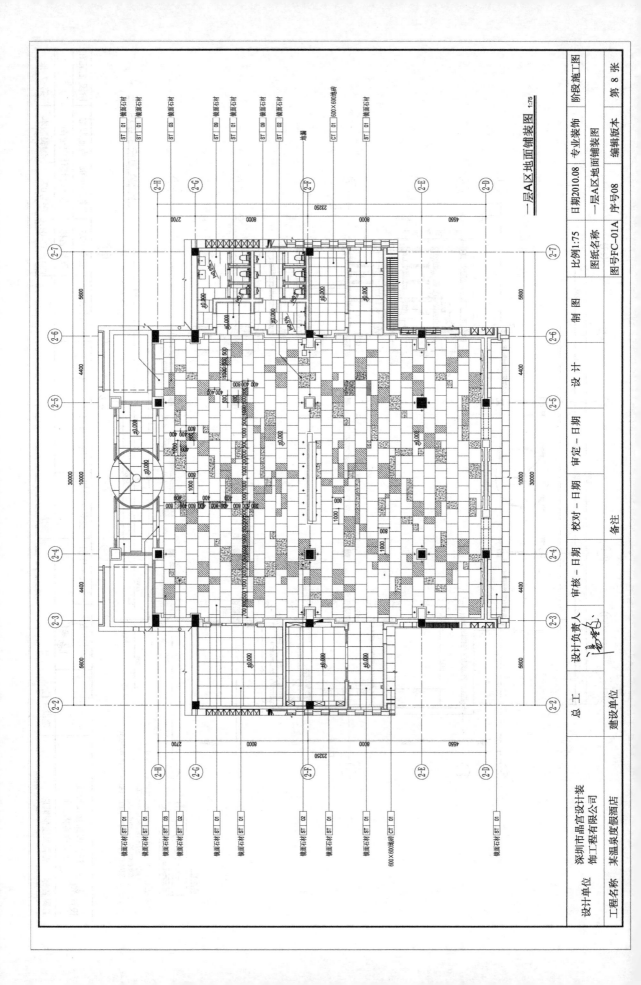

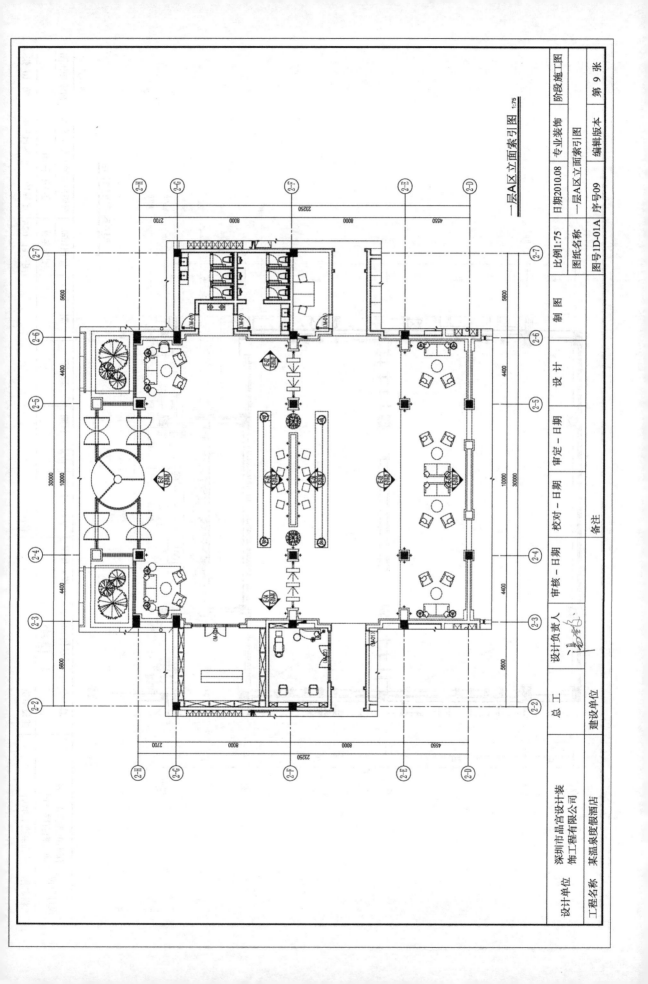

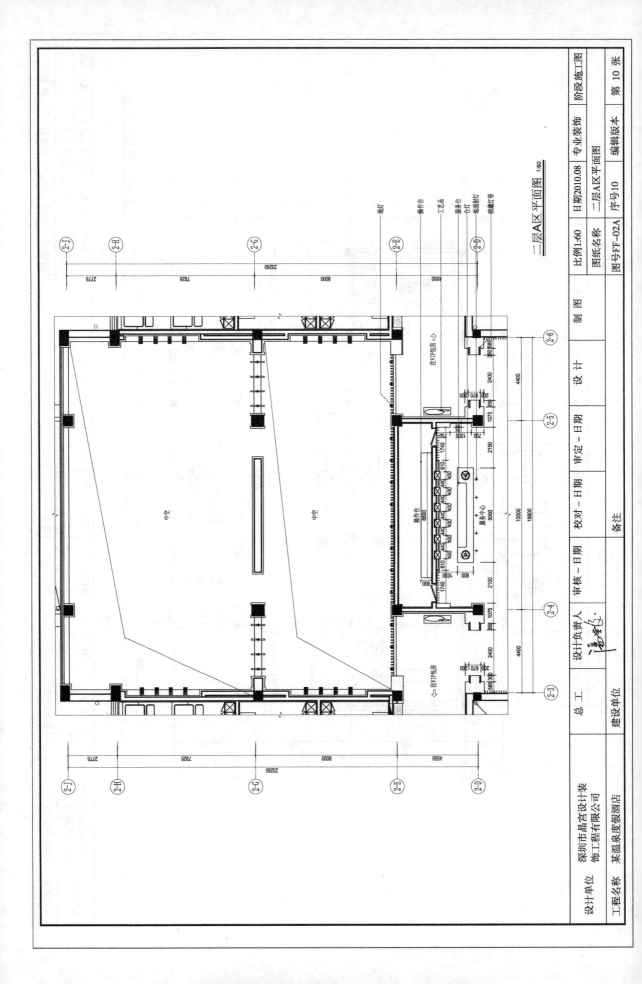

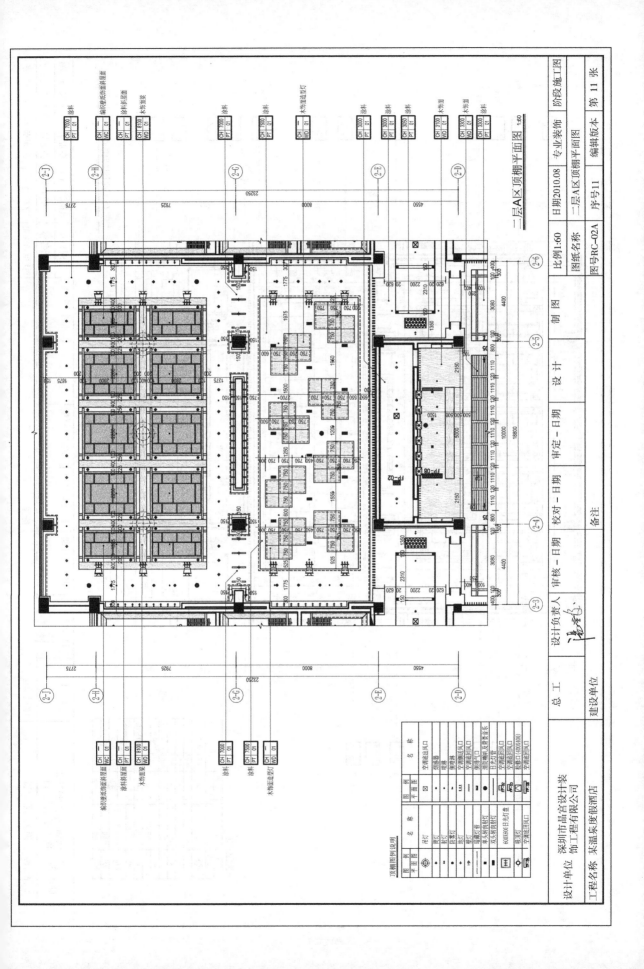

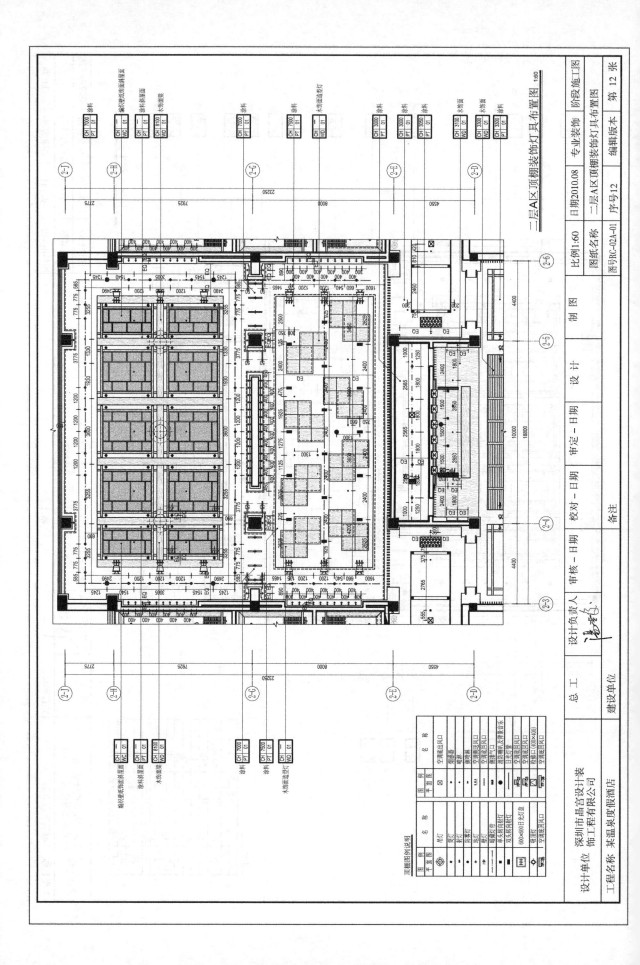

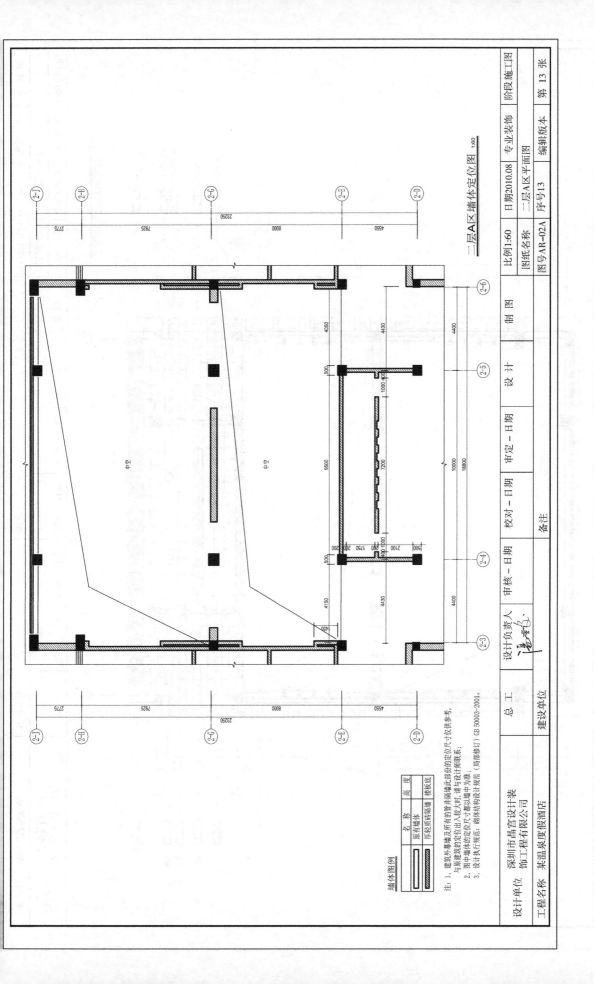

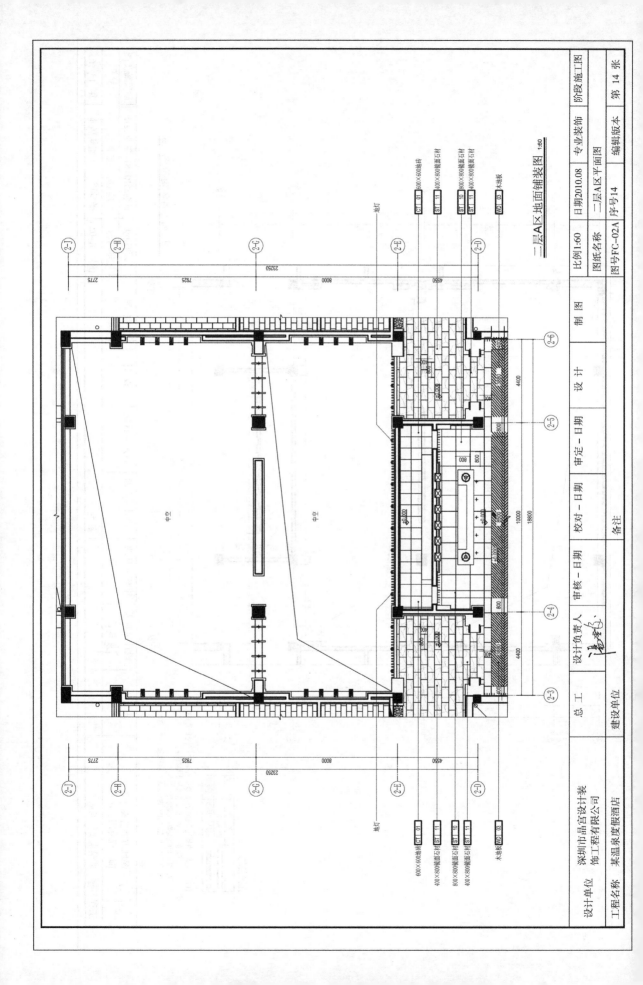

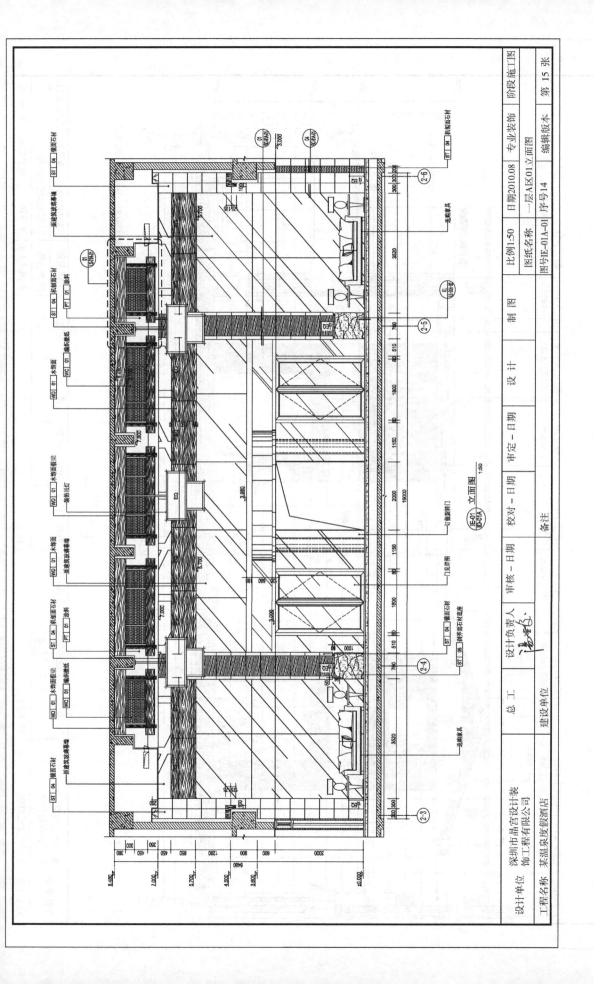

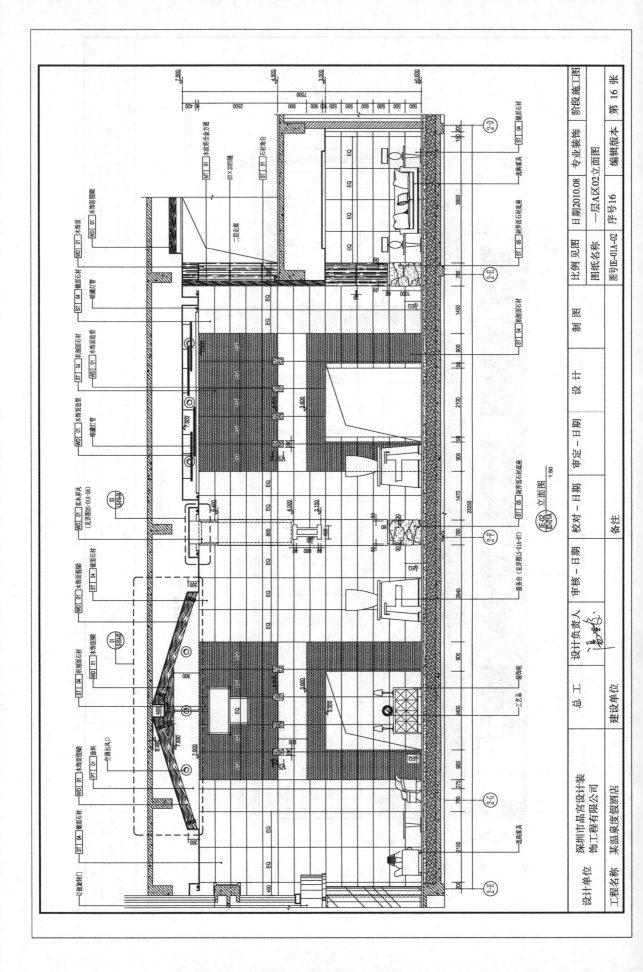

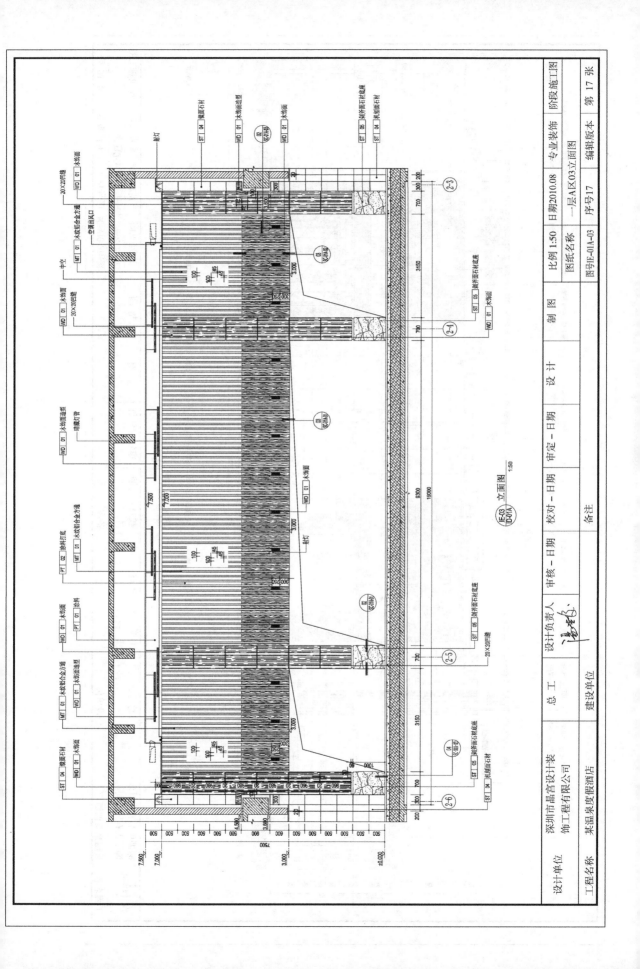

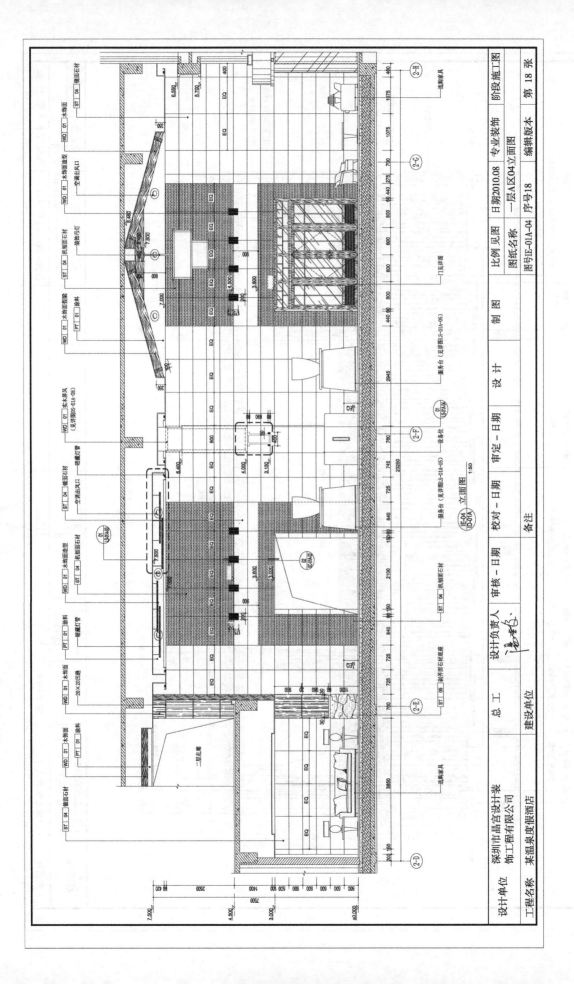

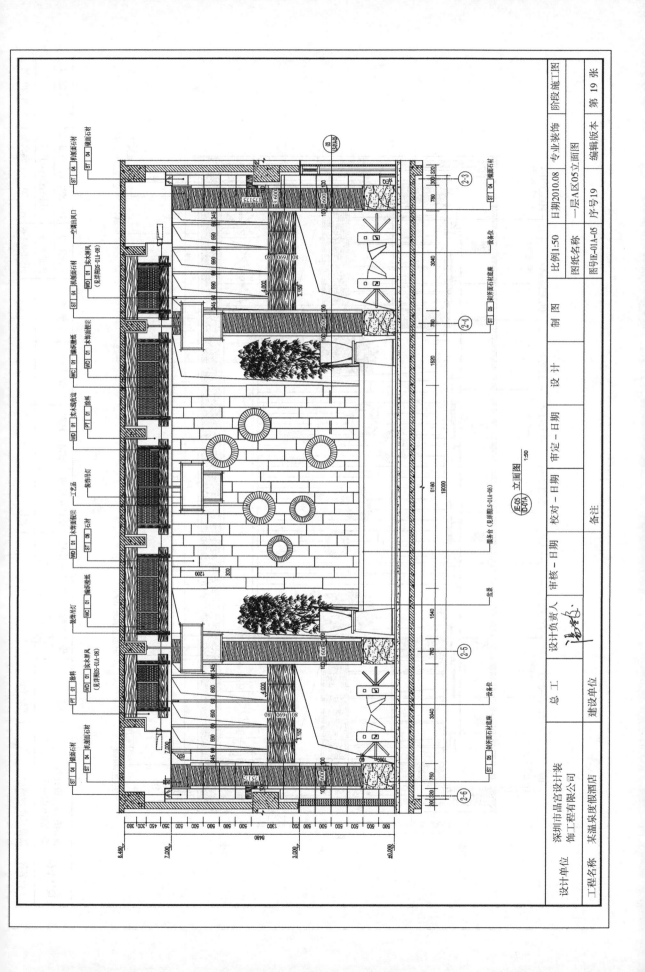

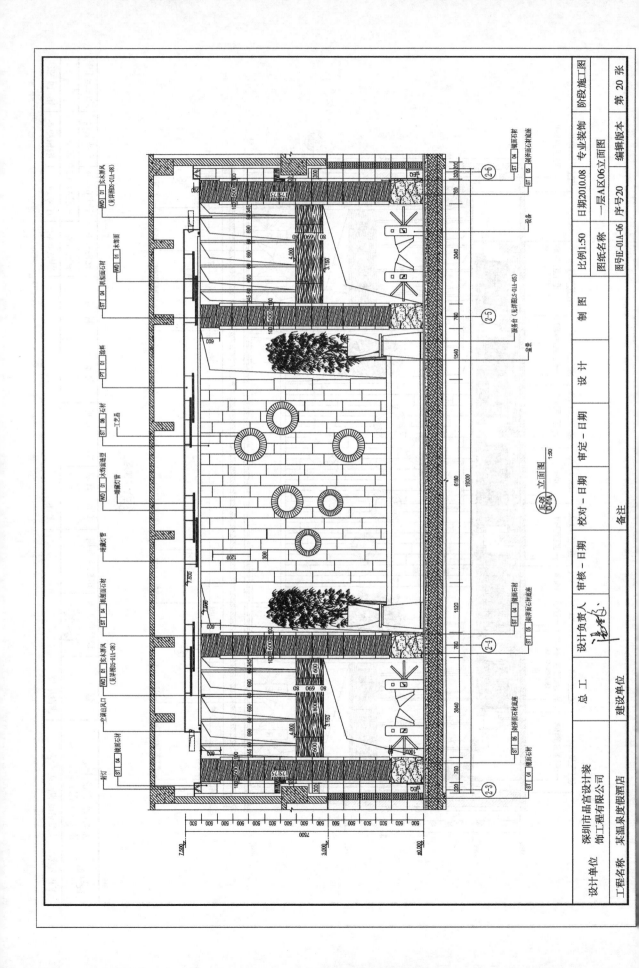

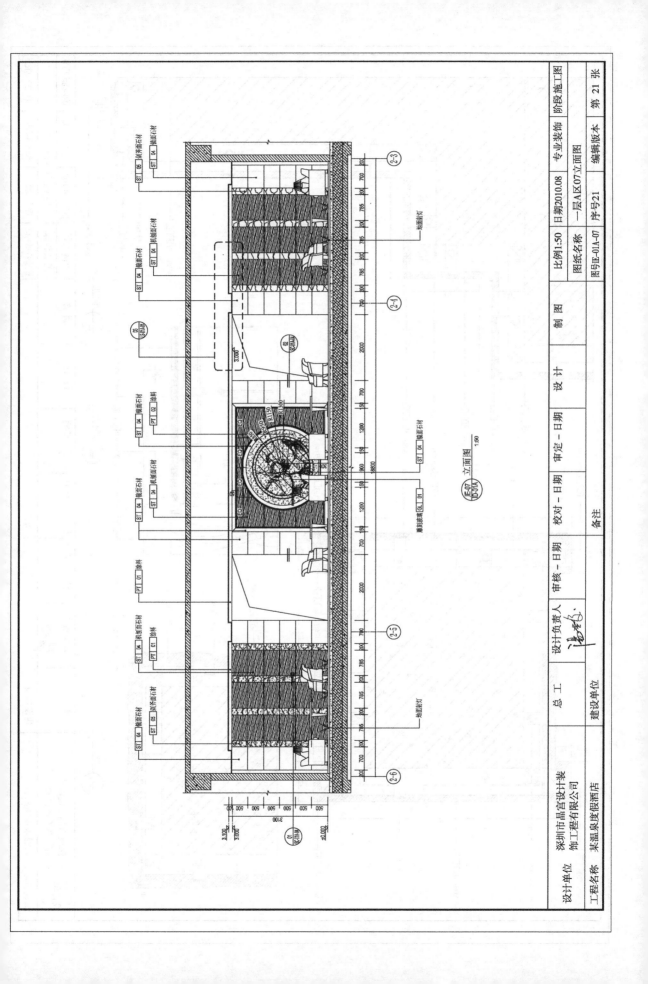

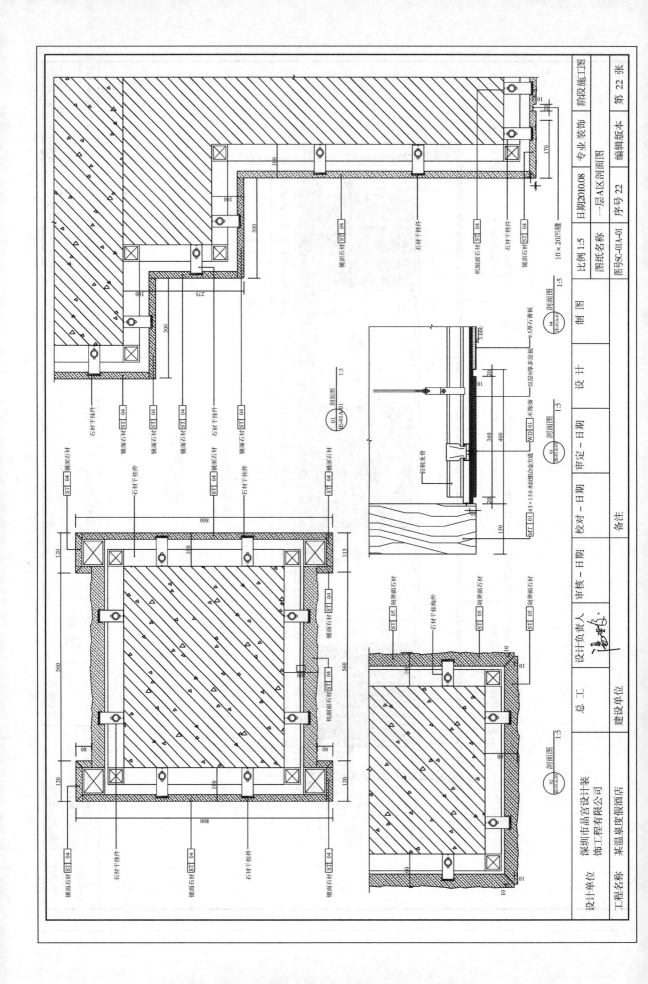

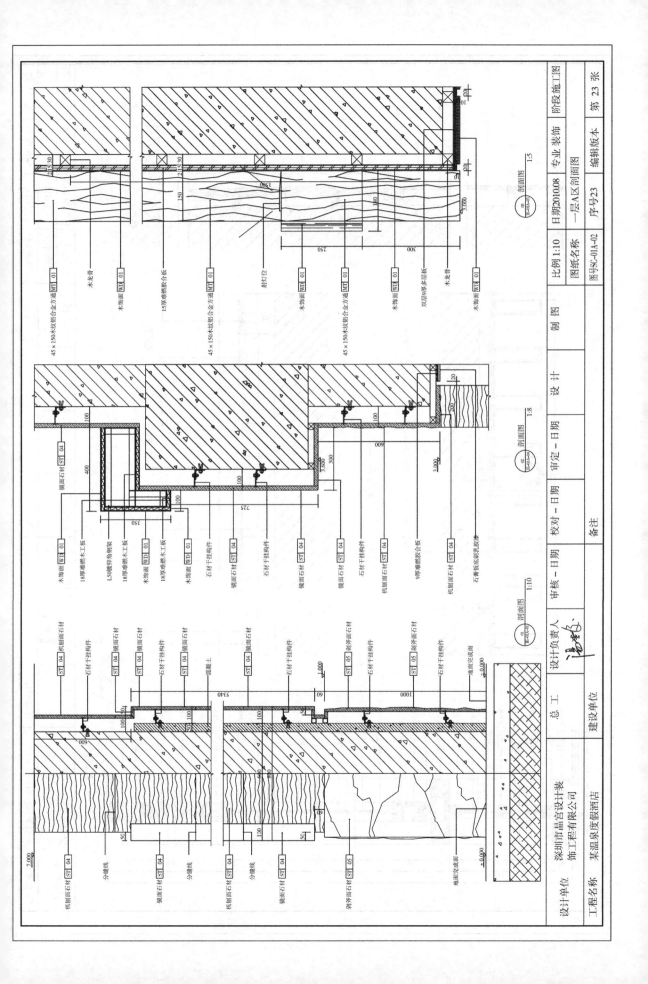

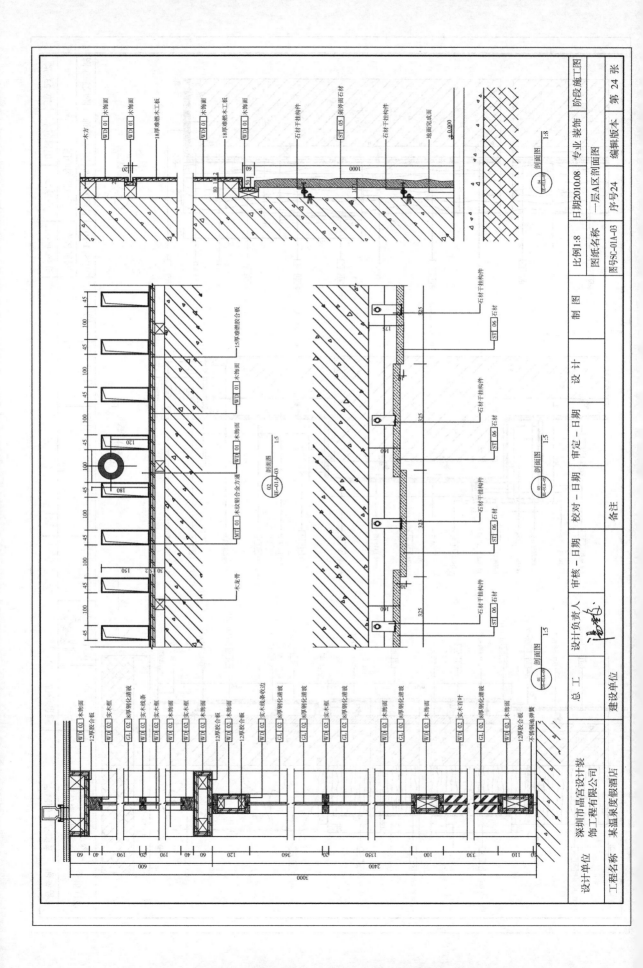

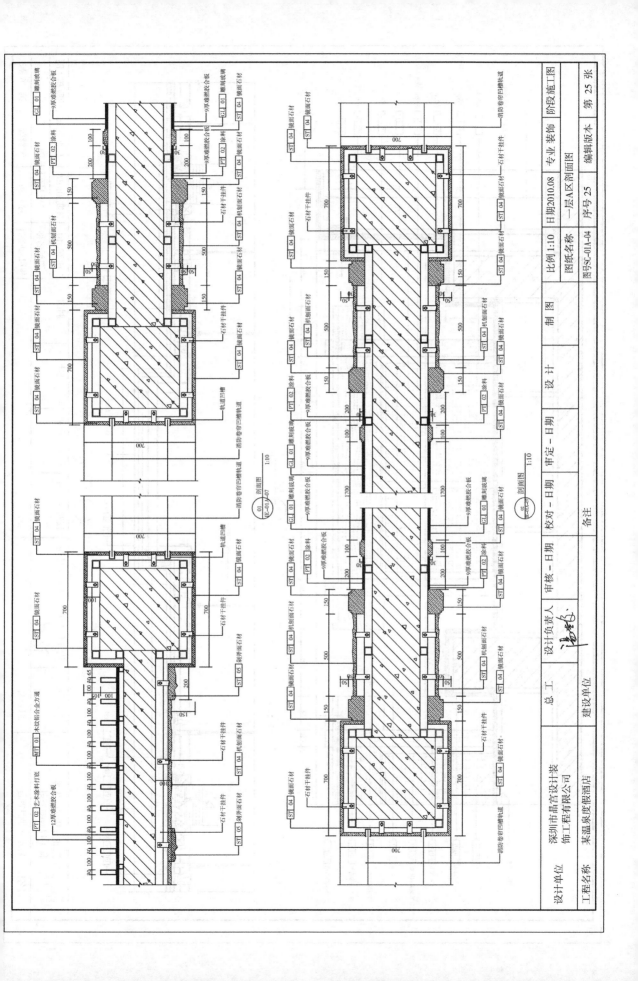

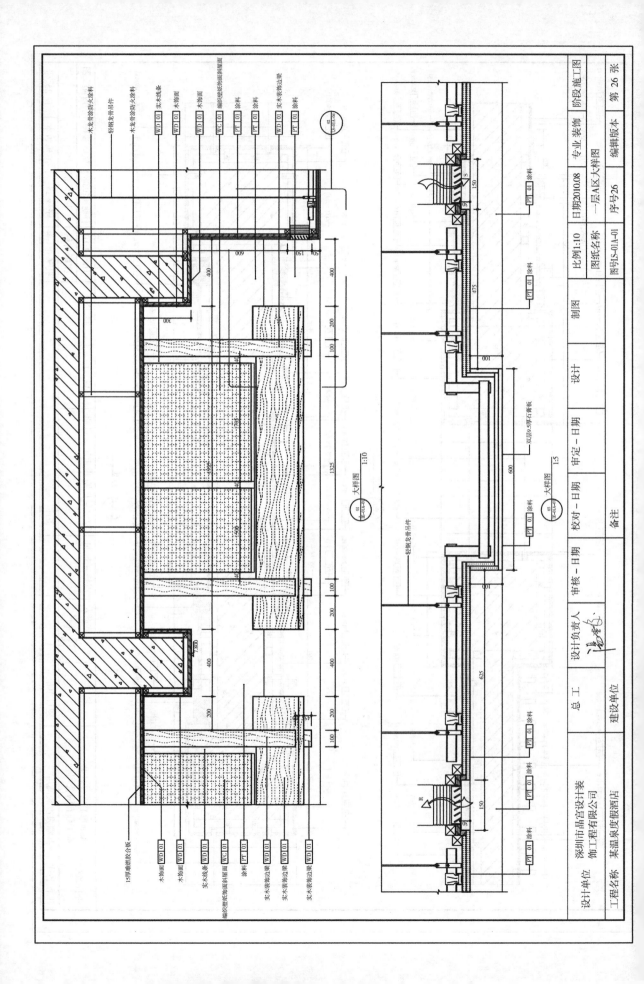

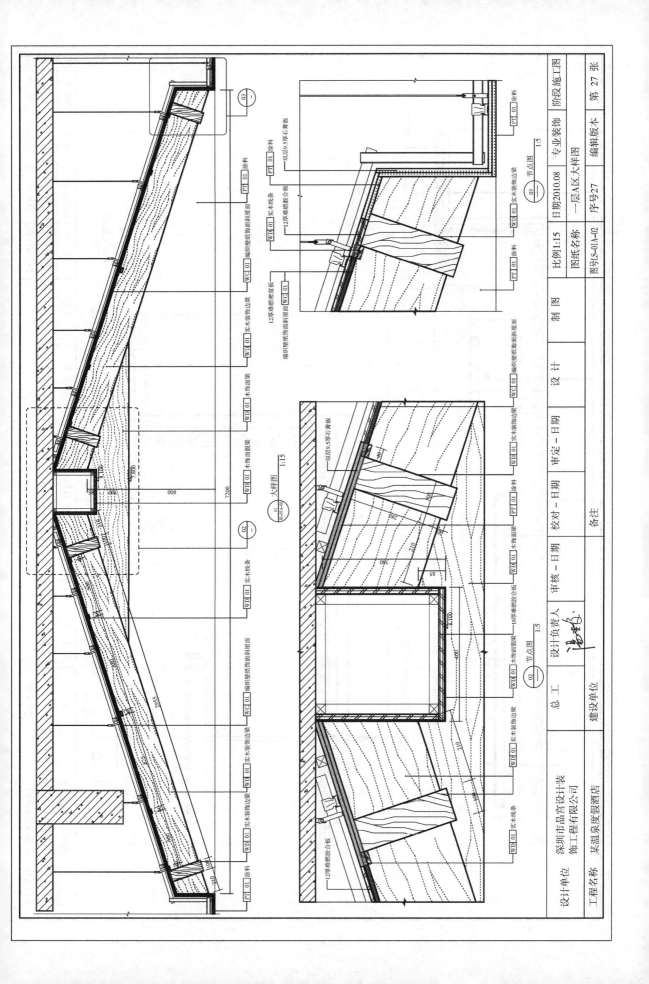

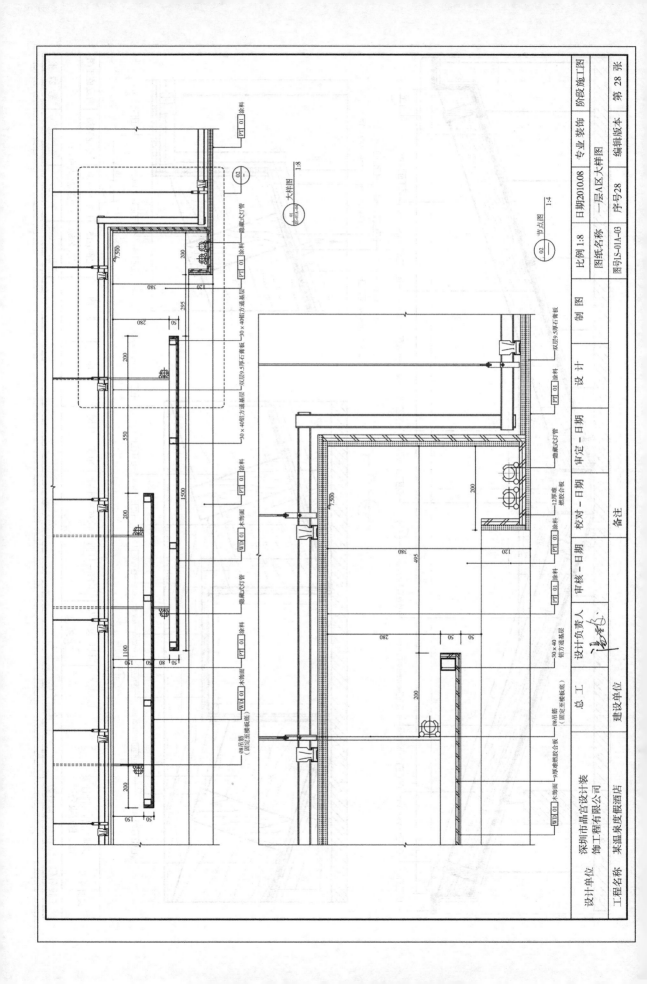

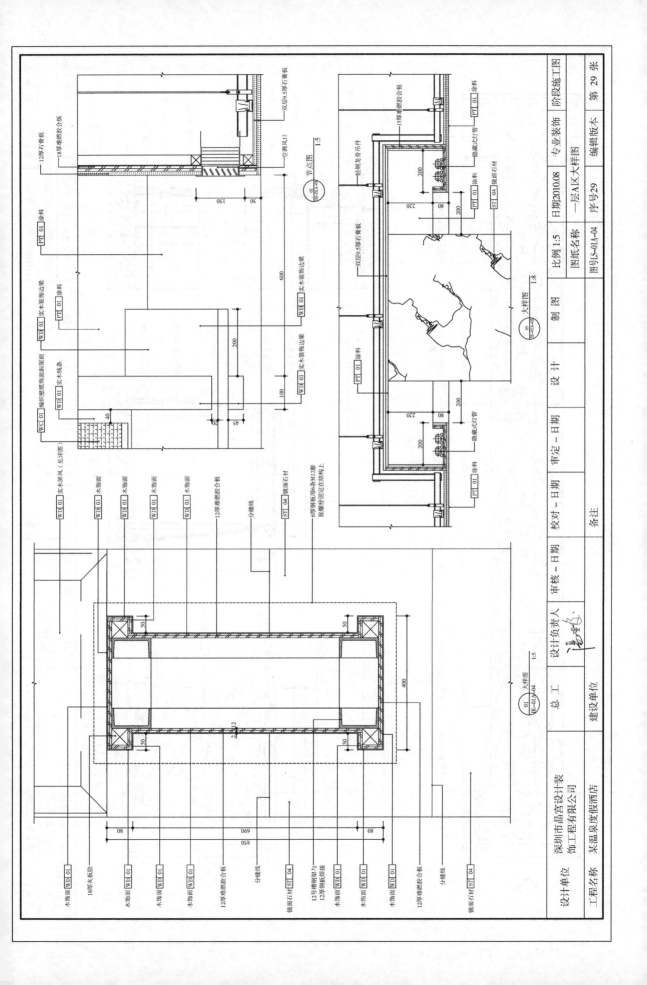

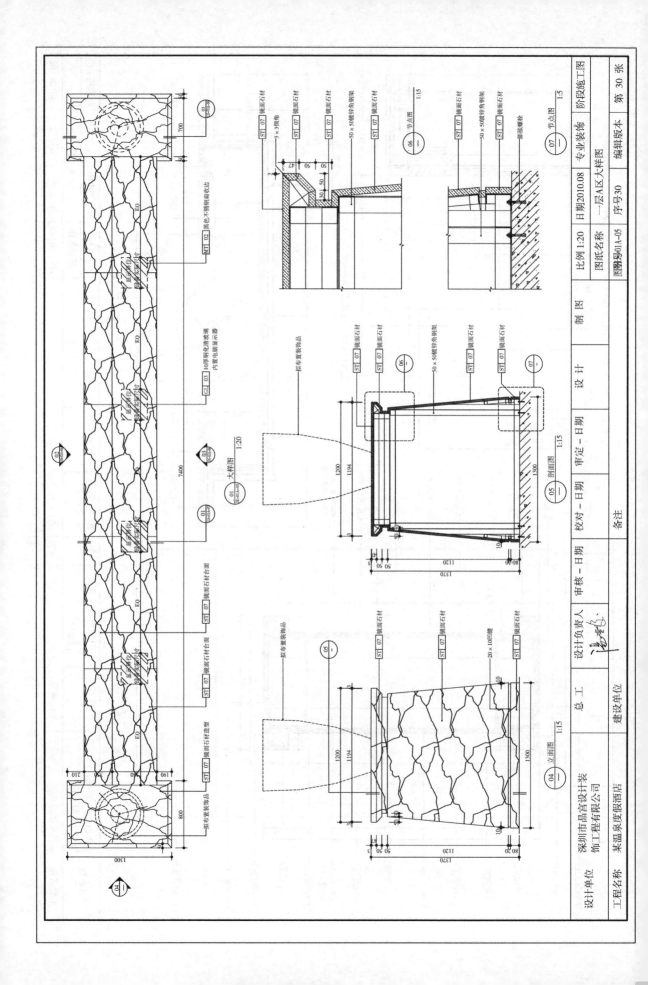

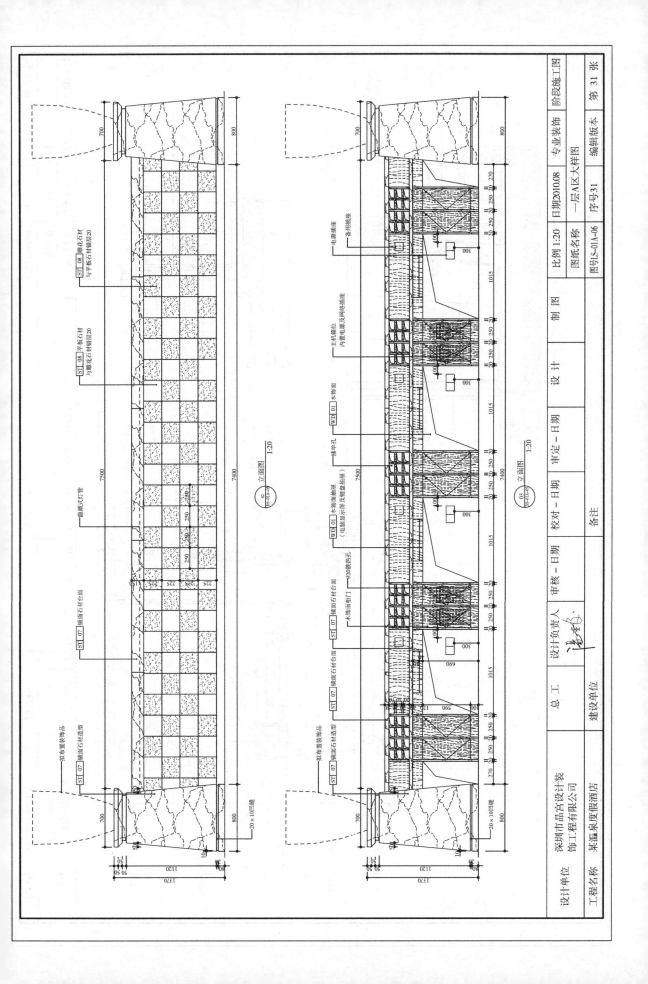

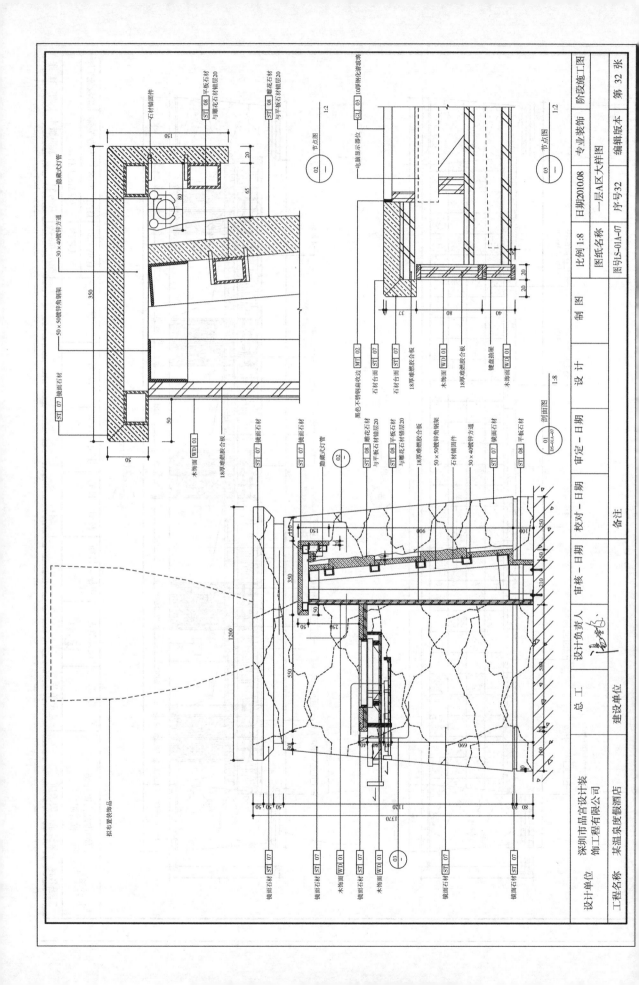

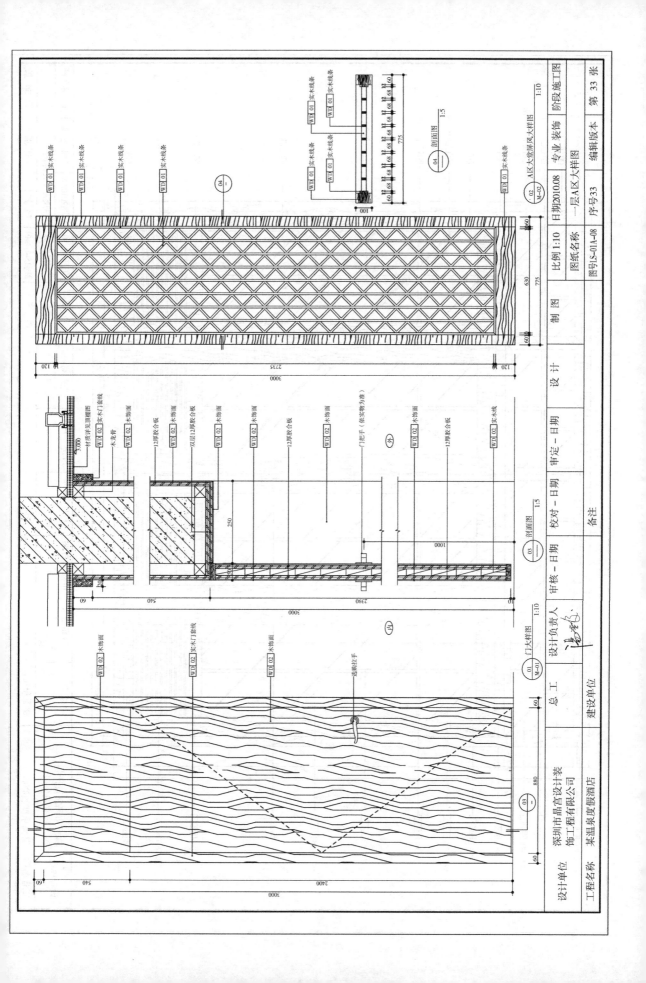

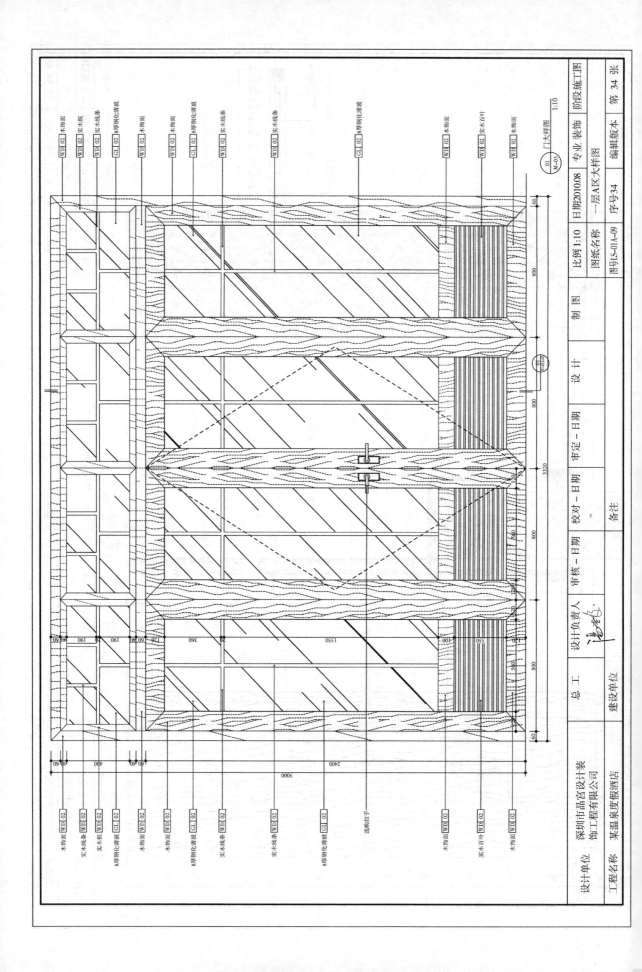